Matemáticas
diarias®

The University of Chicago School Mathematics Project

DIARIO DEL ESTUDIANTE
VOLUMEN 1

Mc
Graw
Hill
Education

The University of Chicago School Mathematics Project

Max Bell, Director, *Everyday Mathematics* First Edition; James McBride, Director, *Everyday Mathematics* Second Edition; Andy Isaacs, Director, *Everyday Mathematics* Third, CCSS, and Fourth Editions; Amy Dillard, Associate Director, *Everyday Mathematics* Third Edition; Rachel Malpass McCall, Associate Director, *Everyday Mathematics* CCSS and Fourth Editions; Mary Ellen Dairyko, Associate Director, *Everyday Mathematics* Fourth Edition

Authors
Robert Balfanz*, Max Bell, John Bretzlauf, Sarah R. Burns**, William Carroll*, Amy Dillard, Robert Hartfield, Andy Isaacs, James McBride, Kathleen Pitvorec, Denise A. Porter‡, Peter Saecker, Noreen Winningham†

*First Edition only
** Fourth Edition only
†Third Edition only
‡Common Core State Standards Edition only

Fourth Edition Grade 5 Team Leader
Sarah R. Burns

Writers
Melanie S. Arazy, Rosalie A. DeFino, Allison M. Greer, Kathryn M. Rich, Linda M. Sims

Open Response Team
Catherine R. Kelso, Leader; Emily Korzynski

Differentiation Team
Ava Belisle-Chatterjee, Leader; Martin Gartzman, Barbara Molina, Anne Sommers

Digital Development Team
Carla Agard-Strickland, Leader; John Benson, Gregory Berns-Leone, Juan Camilo Acevedo

Virtual Learning Community
Meg Schleppenbach Bates, Cheryl G. Moran, Margaret Sharkey

Technical Art
Diana Barrie, Senior Artist; Cherry Inthalangsy

UCSMP Editorial
Don Reneau, Senior Editor; Rachel Jacobs, Elizabeth Olin, Kristen Pasmore, Loren Santow

Field Test Coordination
Denise A. Porter, Angela Schieffer, Amanda Zimolzak

Field Test Teachers
Diane Bloom, Margaret Condit, Barbara Egofske, Howard Gartzman, Douglas D. Hassett, Aubrey Ignace, Amy Jarrett-Clancy, Heather L. Johnson, Jennifer Kahlenberg, Deborah Laskey, Jennie Magiera, Sara Matson, Stephanie Milzenmacher, Sunmin Park, Justin F. Rees, Toi Smith

Digital Field Test Teachers
Colleen Girard, Michelle Kutanovski, Gina Cipriani, Retonyar Ringold, Catherine Rollings, Julia Schacht, Christine Molina-Rebecca, Monica Diaz de Leon, Tiffany Barnes, Andrea Bonanno-Lersch, Debra Fields, Kellie Johnson, Elyse D'Andrea, Katie Fielden, Jamie Henry, Jill Parisi, Lauren Wolkhamer, Kenecia Moore, Julie Spaite, Sue White, Damaris Miles, Kelly Fitzgerald

Contributors
John Benson, Jeanne Di Domenico, James Flanders, Fran Goldenberg, Lila K. S. Goldstein, Deborah Arron Leslie, Sheila Sconiers, Sandra Vitantonio, Penny Williams

Center for Elementary Mathematics and Science Education Administration
Martin Gartzman, Executive Director; Meri B. Fohran, Jose J. Fragoso, Jr., Regina Littleton, Laurie K. Thrasher

External Reviewers

The *Everyday Mathematics* authors gratefully acknowledge the work of the many scholars and teachers who reviewed plans for this edition. All decisions regarding the content and pedagogy of *Everyday Mathematics* were made by the authors and do not necessarily reflect the views of those listed below.

Elizabeth Babcock, California Academy of Sciences; Arthur J. Baroody, University of Illinois at Urbana-Champaign and University of Denver; Dawn Berk, University of Delaware; Diane J. Briars, Pittsburgh, Pennsylvania; Kathryn B. Chval, University of Missouri–Columbia; Kathleen Cramer, University of Minnesota; Ethan Danahy, Tufts University; Tom de Boor, Grunwald Associates; Louis V. DiBello, University of Illinois at Chicago; Corey Drake, Michigan State University; David Foster, Silicon Valley Mathematics Initiative; Funda Gönülateş, Michigan State University; M. Kathleen Heid, Pennsylvania State University; Natalie Jakucyn, Glenbrook South High School, Glenview, IL; Richard G. Kron, University of Chicago; Richard Lehrer, Vanderbilt University; Susan C. Levine, University of Chicago; Lorraine M. Males, University of Nebraska-Lincoln; Dr. George Mehler, Temple University and Central Bucks School District, Pennsylvania; Kenny Huy Nguyen, North Carolina State University; Mark Oreglia, University of Chicago; Sandra Overcash, Virginia Beach City Public Schools, Virginia; Raedy M. Ping, University of Chicago; Kevin L. Polk, Aveniros LLC; Sarah R. Powell, University of Texas at Austin; Janine T. Remillard, University of Pennsylvania; John P. Smith III, Michigan State University; Mary Kay Stein, University of Pittsburgh; Dale Truding, Arlington Heights District 25, Arlington Heights, Illinois; Judith S. Zawojewski, Illinois Institute of Technology

Note
Many people have contributed to the creation of *Everyday Mathematics*. Visit http://everydaymath.uchicago.edu/authors/ for biographical sketches of *Everyday Mathematics* 4 staff and copyright pages from earlier editions.

www.everydaymath.com

Send all inquiries to:
McGraw-Hill Education
8787 Orion Place
Columbus, OH 43240

ISBN: 978-0-02-135283-8
MHID: 0-02-135283-6

Printed in the United States of America.

1 2 3 4 5 6 7 8 9 QVS 20 19 18 17 16 15

Contenido

Unidad 2

Unidad 3

Unidad 4

Hojas de actividades

Bienvenidos a *Matemáticas diarias de quinto grado*

Este año en la clase de matemáticas seguirán desarrollando las destrezas e ideas matemáticas que aprendieron en los años anteriores. Aprenderán nuevos cálculos y pensarán acerca de la importancia de las matemáticas en su vida actual y futura. Muchas de las ideas nuevas que incorporarán este año son ideas que sus padres, o incluso sus hermanos mayores, no estudiaron sino hasta más avanzado el quinto año. Los autores de *Matemáticas diarias* creemos que los estudiantes de quinto año de hoy son capaces de aprender y hacer más que en el pasado. Creemos que las matemáticas son entretenidas y que ustedes también las disfrutarán.

Estas son algunas de las cosas que harán en *Matemáticas diarias de quinto grado*:

- Ampliarán su comprensión del valor posicional a los decimales y usarán lo que aprendieron para explicar cómo funciona nuestro sistema de valor posicional.

- Repasarán y ampliarán sus destrezas con la aritmética, con una calculadora, y pensando acerca de los problemas y sus soluciones. Sumarán, restarán, multiplicarán y dividirán números enteros y decimales.

- Usarán su conocimiento de las fracciones y las operaciones para computar con fracciones. Pensarán en qué se parece y en qué se diferencia sumar, restar, multiplicar y dividir fracciones a hacerlo con números enteros y decimales.

- Explorarán el concepto de volumen. Aprenderán en qué se diferencia el volumen de otras medidas que han estudiado. Hallarán el volumen de figuras tridimensionales de varias maneras y desarrollarán estrategias para hallar el volumen de prismas rectangulares. Miren la página 2 del diario. Sin decirle a nadie, escriban el número ciento doce en la esquina superior derecha de la página.

- Aprenderán sobre las gráficas de coordenadas y descubrirán cómo el hacer gráficas puede ayudarlos a resolver problemas matemáticos y de la vida diaria.

- Profundizarán su comprensión de las figuras bidimensionales, de sus atributos y de la relación entre diferentes figuras bidimensionales.

Queremos que aprendan a usar las matemáticas para comprender mejor su mundo. Esperamos que disfruten las actividades de *Matemáticas diarias de quinto grado* y que los ayuden a apreciar la belleza y la utilidad de las matemáticas en su vida diaria.

Resuelve los problemas de esta página y de la página 3. Usa tu *Libro de consulta del estudiante* para hallar información sobre cada problema. Anota los números de página.

	Puntos por problema	**Puntos por página**

1 5 metros = _____ centímetros

LCE
página_____

2 300 mm = _____ cm

LCE
página _____

3 Resuelve.

$(15 - 4) * 3 =$ _____

$25 + (47 - 18) =$ _____

LCE
página _____

4 Escribe el valor del 5 en cada uno de los siguientes números.

9,652 _____

15,690 _____

1,052,903 _____

LCE
página _____

5 Nombra dos fracciones equivalentes a $\frac{4}{6}$.

_____ y _____

LCE
página _____

6 $460 \div 5 =$ _____

LCE
página _____

	Puntos por problema	Puntos por página

7   **a.** ¿Cuál es la definición de trapecio?   _____   _____

_____

_____

   b. Dibuja dos trapecios diferentes.

LCE
página _____

8   ¿Qué materiales necesitas para jugar a *Dale nombre a ese número*? _____

_____

_____

LCE
página _____

Anota tu puntaje de la búsqueda del tesoro en la siguiente tabla. Luego, calcula los totales.

Número de problema	Puntos por problema	Puntos por página	Total de puntos
1			
2			
3			
4			
5			
6			
7			
8			
Total de puntos			

Cajas matemáticas

1 Junto a cada ícono del *Libro de consulta del estudiante*, escribe en los Problemas 2 a 5 los números de página del LCE donde puedes hallar información sobre el problema.

2 Resuelve.

a. $(25 - 5) * 4 =$ _____

b. $25 - (5 * 4) =$ _____

_____

3 Completa.

a. 1 pie = _____ pulgadas

b. Una persona de 6 pies de estatura

mide _____ pulgadas de estatura.

c. 1 yarda = _____ pies

d. Una persona que corrió 300 yardas,

corrió _____ pies.

_____

4 Sin calcular, encierra en un círculo TODAS las expresiones mayores que $2 + 8$.

A. $4 + (2 + 8)$

B. $2 + 8 - 5$

C. $2 + 8 + 10$

D. $8 + 2$

_____

5 **Escritura/Razonamiento** Explica cómo resolviste el Problema 2b.

_____

_____

_____

_____

_____

_____

Áreas de rectángulos

Escribe dos operaciones importantes que aprendiste sobre el área al leer la página 221 del *Libro de consulta del estudiante*.

1 _____

_____

2 _____

_____

En los Problemas 3 y 4, cada cuadrado de la cuadrícula es 1 unidad cuadrada. Halla el área de cada rectángulo. No olvides incluir una unidad.

3

3 unidades

4 unidades

4

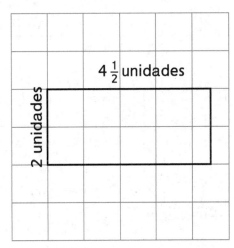

$4\frac{1}{2}$ unidades

2 unidades

Área: _____

Área: _____

5 Piensa cómo hallaste el área del rectángulo en el Problema 3 y en el Problema 4. ¿Qué fue igual? ¿Qué fue diferente? Anota tus ideas. Prepárate para compartirlas con la clase.

_____

_____

_____

_____

Hallar áreas de rectángulos

Halla el área de cada rectángulo.
Escribe una oración numérica para mostrar tu razonamiento.

LCE
221, 224-225

 1

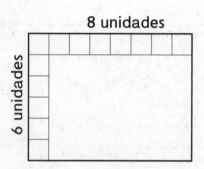

8 unidades

6 unidades

Área = _____ unidades cuadradas

_____
(oración numérica)

2

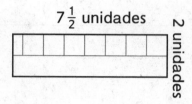

$7\frac{1}{2}$ unidades

2 unidades

Área = _____ unidades cuadradas

_____
(oración numérica)

3

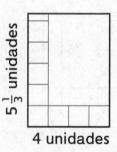

$5\frac{1}{3}$ unidades

4 unidades

Área = _____ unidades cuadradas

_____
(oración numérica)

Inténtalo

4

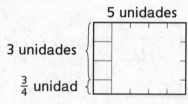

5 unidades

3 unidades

$\frac{3}{4}$ unidad

Área = _____ unidades cuadradas

_____
(oración numérica)

5 Explica la estrategia que usaste para hallar el área del rectángulo en el Problema 3.
Usa palabras como *fila*, *columna*, *unidad cuadrada* y *cuadrado parcial* como ayuda para
aclarar tu razonamiento.

_____

_____

_____

Cajas matemáticas

1 ¿En qué lugar del *Libro de consulta del estudiante* buscarías la definición de *área*?

Encierra en un círculo la mejor respuesta.

a. Contenido

b. Índice

c. Glosario

d. Sección de juegos

e. Todas las anteriores

2 Resuelve.

a. $(4 * 12) + 8 =$ _____

b. _____ $= 32 / (16 \div 2)$

c. _____ $= (32 \div 8) * 2$

LCE
42

3 Traza líneas para unir cada medición con su equivalente.

a. 1 cm   1,000 m

b. 1 km   100 cm

c. 1 m $\frac{1}{1,000}$ m

d. 1 mm $\frac{1}{100}$ m

LCE
213, 328

4 Dos amigos estaban jugando a un juego y anotaron sus puntuaciones a continuación.

Jugador 1: $42 + 51$ puntos

Jugador 2: $4 + (42 + 51)$ puntos

¿Quién tiene más puntos? _____

LCE
46

5 **Escritura/Razonamiento** ¿Necesitas calcular las puntuaciones para hallar quién tuvo más puntos en el Problema 4? ¿Por qué o por qué no?

_____

_____

_____

LCE
46

Cajas matemáticas

9

Una estrategia de enlosado

Mensaje matemático

1 En la Lección 1-3 hallaste que 4 cuadrados con lados de $\frac{1}{2}$ pie de largo entraban en 1 pie cuadrado. ¿Cuántos cuadrados con lados de $\frac{1}{3}$ de pie piensas que entrarían en 1 pie cuadrado? Usa las siguientes ilustraciones como ayuda. Prepárate para explicar cómo hallaste tu respuesta.

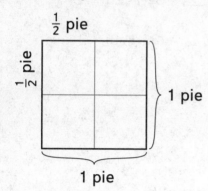

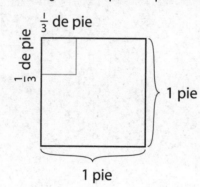

_____ cuadrados con lados de $\frac{1}{3}$ de pie de largo entran en 1 pie cuadrado.

---

2 La ducha de Roger mide $2\frac{2}{3}$ pies de ancho y 3 pies de largo. Roger cubrirá el piso de la ducha con azulejos que miden $\frac{1}{3}$ de pie de lado.

a. ¿Cuántos azulejos necesitará Roger para cubrir el piso de la ducha? Usa la ilustración como ayuda.

_____ azulejos

b. ¿Cuántos azulejos hacen falta para cubrir 1 pie cuadrado?

_____ azulejos

c. Usa tus respuestas a las Partes a y b para hallar el área del piso de la ducha de Roger en pies cuadrados.

_____ pies cuadrados

_____
(oración numérica)

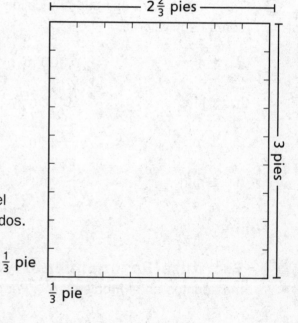

3 Resume la estrategia que usaste para hallar el área del piso de la ducha de Roger.

_____

_____

Resolver problemas de área

1   Anna está cubriendo la tapa de su alhajero con azulejos de vidrio de $\frac{1}{2}$ pulgada de largo y $\frac{1}{2}$ pulgada de ancho. La tapa del alhajero mide $3\frac{1}{2}$ pulgadas por 2 pulgadas.

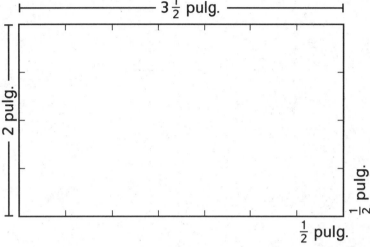

a. ¿Cuántos azulejos necesitará para cubrir la tapa del alhajero? Usa la ilustración como ayuda.

_____ azulejos

b. ¿Cuántos azulejos se necesitan para cubrir 1 pulgada cuadrada?

_____ azulejos

c. Usa tus respuestas a las Partes a y b para hallar el área de la tapa del alhajero en pulgadas cuadradas. _____ pulgadas cuadradas

_____
(oración numérica)

2   Deshawn está cubriendo una parte de su dormitorio de 4 yardas por $1\frac{3}{4}$ de yarda con azulejos decorativos. Los azulejos miden $\frac{1}{4}$ de yarda por $\frac{1}{4}$ de yarda.

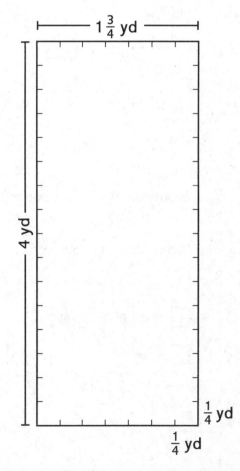

a. ¿Cuántos azulejos necesitará Deshawn para cubrir la parte de la pared? Usa la ilustración como ayuda.

_____ azulejos

b. ¿Cuántos azulejos harán falta para cubrir 1 yarda cuadrada?

_____ azulejos

c. Usa tus respuestas a las Partes a y b para hallar el área en yardas cuadradas de la parte de la pared que Deshawn está decorando.

_____ yardas cuadradas

_____
(oración numérica)

Cajas matemáticas

1 Coloca paréntesis en un lugar diferente en cada problema. Luego, resuelve.

4 * 8 − 2 = _____

4 * 8 − 2 = _____

LCE 42

2 Halla el área del rectángulo.

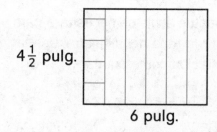

$4\frac{1}{2}$ pulg.

6 pulg.

Área = _____ pulgadas cuadradas

LCE 224-225

3 Escribe una expresión para la historia de números.

Juno anotó 140 puntos en un juego. Perdió la mitad de los puntos y luego anotó 160 más.

_____

LCE 38, 44

4 Completa.

a. 60 pulgadas = _____ pies

b. 3 yardas = _____ pies

c. 4 metros = _____ cm

d. 2 millas = _____ yardas

LCE 215-216, 328

5 Expresión A: Expresión B:
   458 − 12   25 + (458 − 12)

Marca todas las que correspondan.

☐ B es mayor que A.

☐ B es el doble que A.

☐ B es 25 más que A.

LCE 42, 46

6 Escribe un número de 5 dígitos con

un 7 en el lugar de las unidades,

un 8 en el lugar de las centenas,

un 4 en el lugar de las decenas de millar

y un 0 en todos los demás lugares.

____ ____, ____ ____ ____

LCE 66-67

Cajas matemáticas

Comparar volúmenes

1 Crea los cilindros A y B a partir de hojas de papel cortadas por la mitad. ¿Qué podrías medir en estos cilindros?

LCE
230

_____

_____

2 ¿Qué cilindro piensas que tiene mayor volumen? Explica tu respuesta.

_____

_____

_____

3 Verifica tu predicción. ¿Qué cilindro tiene mayor volumen? Explica tu respuesta.

_____

_____

_____

_____

4 Piensa en todos los atributos que enumeraste en el Problema 1.

a. ¿En qué se diferencian los cilindros?

_____

_____

b. ¿En qué se parecen los cilindros?

_____

_____

Cajas matemáticas

① Resuelve.

a. $2 * (14 + 6) =$ _____

b. $(21 / 3) + 14 =$ _____

c. $(10 * 8) - 20 =$ _____

LCE
42

② Nombra tres objetos que tengan el atributo de volumen.

_____

_____

_____

LCE
230

③ El armario de Jo mide 6 pies de ancho y $1\frac{1}{2}$ pies de profundidad. Halla el área del piso del armario.

$1\frac{1}{2}$ pies
6 pies

Área = _____ pies cuadrados

LCE
224-225

④ ¿Qué expresión numérica muestra el siguiente cálculo? Rellena el círculo que está junto a la mejor respuesta.

Sumar siete y tres, y luego multiplicar por 6.

Ⓐ $(6 * 7) + 3$

Ⓑ $(7 + 3) * 6$

Ⓒ $7 + 3 + 6$

LCE
42, 45

⑤ Escritura/Razonamiento Explica cómo hallaste el área del piso del armario de Jo en el Problema 3.

_____

_____

_____

_____

LCE
224-225

Agrupar prismas para medir el volumen

1 Usa bloques de patrón para medir el volumen de tu prisma rectangular. Anota tus resultados a continuación.

LCE
230

Nuestro prisma tiene un volumen de alrededor de _____ bloques geométricos **cuadrados**.

Nuestro prisma tiene un volumen de alrededor de _____ bloques geométricos **triangulares**.

Nuestro prisma tiene un volumen de alrededor de _____ bloques geométricos **hexagonales**.

2 ¿Qué fue importante recordar al agrupar el prisma con bloques geométricos para poder medir el volumen con la mayor precisión posible?

_____

3 ¿Qué bloque geométrico necesitaron **en mayor cantidad** para llenar su prisma? ¿Por qué?

_____

_____

4 ¿Qué bloque geométrico necesitaron **en menor cantidad** para llenar su prisma? ¿Por qué?

_____

_____

5 ¿Qué otros objetos podrías usar para llenar el prisma?

_____

_____

6 ¿Qué figura tridimensional piensas que sería más fácil agrupar apretadamente dentro de un prisma rectangular sin espacios ni superposiciones? ¿Por qué lo piensas?

_____

_____

_____

Más áreas de rectángulos

Halla el área de cada rectángulo.

1
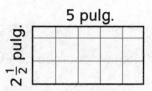
5 pulg.
$2\frac{1}{2}$ pulg.

Área = _____ pulgadas cuadradas

2
$4\frac{1}{3}$ m
3 m

Área = _____ metros cuadrados

3
6 yd
$3\frac{1}{4}$ yd

Área = _____ yardas cuadradas

4
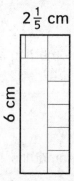
$2\frac{1}{5}$ cm
6 cm

Área = _____ centímetros cuadrados

Inténtalo

5
a. ¿Cuál es el área de este rectángulo si los lados
de los cuadrados miden 1 unidad de largo cada uno?

Área = _____ unidades cuadradas

b. ¿Cuál es el área de este rectángulo si los lados
de los cuadrados miden $\frac{1}{3}$ de unidad de largo cada uno?

Área = _____ unidades cuadradas

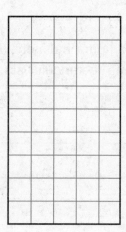

Cajas matemáticas

1 La caja A tiene un volumen de 152 frijoles. Si la caja B tiene un volumen mayor que la caja A, ¿cuál sería el volumen de la caja B?

Escoge la mejor respuesta.

◯ 25 frijoles

◯ 100 frijoles

◯ 125 frijoles

◯ 200 frijoles

LCE
230

2 ¿Cuál es el área de un rectángulo de $2\frac{1}{4}$ pulg. de ancho y 4 pulg. de largo?

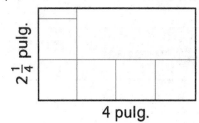

$2\frac{1}{4}$ pulg.

4 pulg.

Área = _____ pulgadas cuadradas

LCE
224-225

3 ¿Qué expresiones son menores que $16 - 8$?

Encierra en un círculo TODAS las que correspondan.

A. $(16 - 8) * 2$

B. $(16 - 8) - 2$

C. $(16 - 8) \div 2$

D. $(16 - 8) + 2$

LCE
46

4 Completa.

a. 1 hora = _____ minutos

b. $3\frac{1}{2}$ horas = _____ minutos

c. $\frac{3}{4}$ hora = _____ minutos

d. _____ horas = 240 minutos

LCE
215-216,
328

5 Escribe una expresión para cada enunciado.

Suma 12 y 8, y multiplica el resultado por 3.

_____

Resta 10 al producto de 6 y 8.

_____

LCE
42, 45

6 Josh tenía 10 peces dorados y 2 gupis. La mitad de los peces son machos. Escribe una expresión que muestre cuántos peces son hembras.

_____

LCE
42, 44

Medir el volumen con cubos

Anota tus estimaciones del mensaje matemático en la segunda columna de la tabla.
Anota la cantidad real de cubos que usaste para llenar el prisma en la tercera
columna de la tabla.

Prisma rectangular	Cantidad estimada de cubos para llenar el prisma	Cantidad real de cubos para llenar el prisma
A		
B		
C		

Los cubos de cada uno de los siguientes prismas rectangulares tienen el mismo tamaño.
Cada prisma tiene al menos una pila de cubos que llega hasta la parte superior.
Halla la cantidad total de cubos necesarios para llenar totalmente cada prisma.

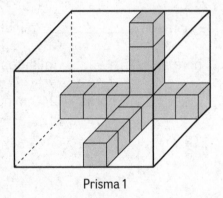

Prisma 1

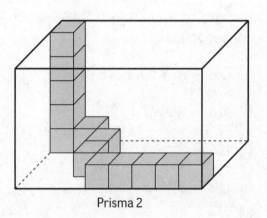

Prisma 2

Cubos necesarios para llenar el prisma 1:

_____ cubos

Volumen del prisma 1:

_____ unidades cúbicas

Cubos necesarios para llenar el prisma 2:

_____ cubos

Volumen del prisma 2:

_____ unidades cúbicas

18

Medir el volumen
con cubos (continuación)

Los cubos de cada prisma rectangular tienen el mismo tamaño.

Cada prisma tiene al menos una pila de cubos que llega hasta la parte superior.

Halla la cantidad de cubos necesarios para llenar totalmente cada prisma.

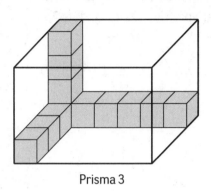

Prisma 3

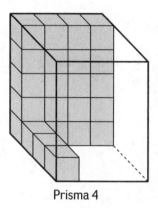

Prisma 4

Cubos necesarios para llenar el prisma 3:

_____ cubos

Volumen del prisma 3:

_____ unidades cúbicas

Cubos necesarios para llenar el prisma 4:

_____ cubos

Volumen del prisma 4:

_____ unidades cúbicas

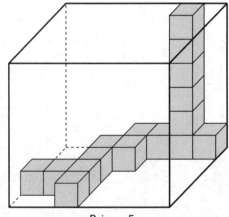

Prisma 5

Inténtalo

Prisma 6

Cubos necesarios para llenar el prisma 5:

_____ cubos

Volumen del prisma 5:

_____ unidades cúbicas

Cubos necesarios para llenar el prisma 6:

_____ cubos

Volumen del prisma 6:

_____ unidades cúbicas

Cajas matemáticas

1 Resuelve.

a. $(4 * 3) + (9 / 3) =$ _____

b. $4 * (2 + 7) - 6 =$ _____

c. _____ $= (10 + 8) / (54 / 9)$

LCE 42

2 Si quieres saber cuántas cajas de marcadores entran en una gaveta, ¿necesitas saber la longitud, el área o el volumen de la gaveta?

_____

3 Halla el área de una mesa de 3 pies de ancho y $2\frac{1}{2}$ pies de largo.

$2\frac{1}{2}$ pies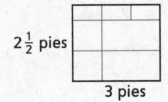

3 pies

Área = _____ pies cuadrados

4 Escribe las siguientes expresiones usando números.

a. siete veces la suma de 6 y 4

_____

b. la diferencia entre dieciséis y ocho, dividida por dos

_____

5 **Escritura/Razonamiento** ¿Cómo decidiste qué tipo de medida necesitarías saber en el Problema 2?

_____

_____

_____

Convertir medidas

Resuelve. Si es necesario, busca mediciones equivalentes en el *Libro de consulta del estudiante*.
LCE 215-216, 328

1 Anota las mediciones equivalentes en las siguientes tablas de 2 columnas.

Minutos	Segundos
5	
10	
15	
20	
25	

Kilolitros	Litros
	5,000
	1,500
$2\frac{1}{2}$	
4	
	3,500

Millas	Yardas
1	1,760
2	
3	
4	
5	

2 Los estudiantes anotaron las distancias que corrieron el fin de semana usando diferentes unidades. Completa la tabla para convertirlas a la misma unidad.

	Kilómetros	Metros
Jason	3	
Kayla		4,500
Lohan	$2\frac{1}{2}$	
Malik		5,000
Jada	$3\frac{1}{2}$	

3 Jordan necesitaba convertir las medidas en sus recetas. Completa los espacios en blanco.

2 cuartos de leche = _____ tazas   _____ tazas de pasta = 2 pintas

32 oz de harina = _____ lb $2\frac{1}{2}$ tazas de agua = _____ oz líq.

8 tazas de arroz = _____ pintas $\frac{1}{2}$ taza de aceite = _____ cdas.

4 Mahalia está haciendo servilletas de tela. Compró un pedazo de tela de 12 pulgadas de ancho por 6 yardas de largo.

¿Cuántas servilletas puede hacer Mahalia si cada una mide 1 pie por 1 pie? _____ servilletas.

Problemas de apilar cubos usando capas

Completa la tabla para cada prisma rectangular.

LCE
232

Prisma rectangular	Cantidad de cubos en 1 capa	Cantidad de capas	Cantidad total de cubos que llenan el prisma	Volumen del prisma
G				_____ unidades cúbicas
H				_____ unidades cúbicas
I				_____ unidades cúbicas
J				_____ unidades cúbicas
K				_____ unidades cúbicas
L				_____ unidades cúbicas

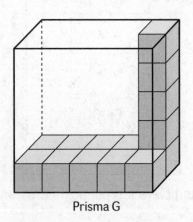

Prisma G

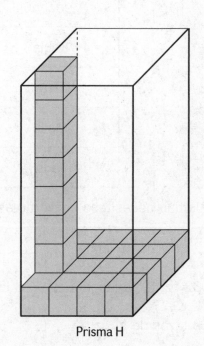

Prisma H

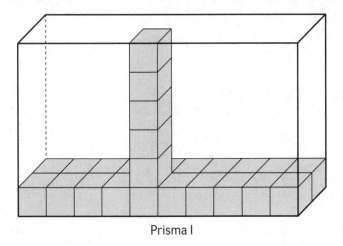

Prisma I

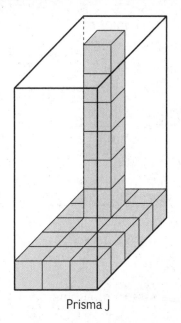

Prisma J

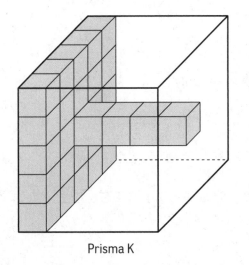

Prisma K

Inténtalo

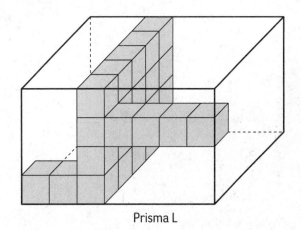

Prisma L

Cajas matemáticas

1 ¿Cuál es el valor del 8 en los siguientes números?

a. 1,384 _____

b. 8,294 _____

c. 418 _____

d. 6,897 _____

LCE
66-67

2 Resuelve.

a. $3 * 10 =$ _____

b. $3 * 100 =$ _____

c. $3 * 1,000 =$ _____

d. $30 * 10 =$ _____

LCE
95

3 Escribe cuatro múltiplos de 4.

_____ , _____ , _____ , _____

LCE
72

4 Resuelve.

a. $\begin{array}{r} 2\ \ 3 \\ *\ \ \ \ \ 3 \\ \hline \end{array}$ **b.** $\begin{array}{r} 2\ \ 4\ \ 2 \\ *\ \ \ \ \ \ \ 2 \\ \hline \end{array}$

LCE
100-101,
104

5 Resuelve.

¿Cuántos 10 hay en 30? _____

¿Cuántos 10 hay en 300? _____

¿Cuántos 7 hay en 21? _____

¿Cuántos 7 hay en 210? _____

LCE
106

6 Resuelve.

$50 + 6 =$ _____

$300 + 20 =$ _____

$200 + 50 + 6 =$ _____

LCE
70

Usar fórmulas para hallar el volumen

Usa una fórmula para hallar el volumen de cada prisma. Anota la fórmula que usaste.

LCE 233

1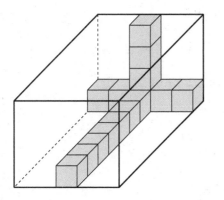

Volumen: _____

Fórmula: _____

2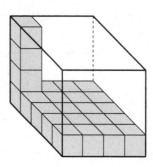

Volumen: _____

Fórmula: _____

3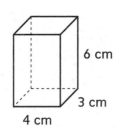

6 cm
3 cm
4 cm

Volumen: _____

Fórmula: _____

4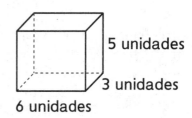

5 unidades
3 unidades
6 unidades

Volumen: _____

Fórmula: _____

5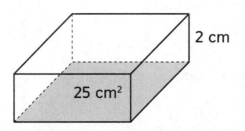

2 cm
25 cm²

Volumen: _____

Fórmula: _____

Inténtalo

6 Un prisma rectangular tiene un volumen de 36 unidades cúbicas. Escribe dos conjuntos posibles de dimensiones del prisma.

Conjunto 1:   Conjunto 2:

longitud = _____   longitud = _____

ancho = _____   ancho = _____

altura = _____   altura = _____

Escribir e interpretar expresiones

Escribe una expresión que represente el cálculo descrito en palabras.

1 El resultado de la suma de 13 y 12, multiplicado por 2

_____

2 Divide 16 por 4 y súmale al cociente el resultado de la suma de 3 y 8.

_____

3 Multiplica 12 por 6 y divide el producto por 9.

_____

Sin calcular, encierra en un círculo la expresión de mayor valor.

4 3 * (126 + 12)   6 * (126 + 12)

5 (18 − 8) / 2   (18 − 8) / 5

6 Explica cómo sabías qué expresión tenía mayor valor en el Problema 5.

_____

_____

_____

7 Ivan estaba jugando a un videojuego. Tenía 1,300 puntos y en el siguiente nivel ganó 120 más. Luego perdió 12 puntos. Al finalizar su turno, su puntaje se duplicó. Escribe una expresión que muestre la cantidad de puntos que tiene Ivan al finalizar su turno.

_____

8 Escribe una situación que se pueda representar con la expresión 6 * (24 − 5).

_____

_____

_____

Cajas matemáticas

---

1 ¿Cuál es el volumen del prisma?

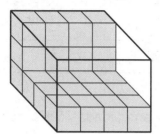

Volumen = _____ unidades cúbicas

231-232

---

2 Raoul dice que puede hallar el área de un rectángulo de $1\frac{1}{2}$ pulg. por 3 pulg. usando la suma. Escribe el modelo numérico que podría usar Raoul para hallar el área del rectángulo.

Área = _____

224-225

---

3 Este prisma está hecho de bloques de unidades. Usa $V = B * h$ para hallar el volumen.

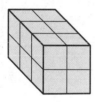

Volumen = _____ * _____ = _____ unidades
                 área de   altura   cúbicas
                 la base

231-233

---

4 Agrega paréntesis para que las ecuaciones sean verdaderas.

a. $2 + 3 * 4 = 20$

b. $4 * 5 - 3 = 8$

42

---

5 **Escritura/Razonamiento** ¿Cómo calculaste el volumen del prisma del Problema 1?

_____

_____

_____

_____

231-232

27

Convertir unidades cúbicas

1 ¿Es una pulgada cúbica más grande o más pequeña que un centímetro cúbico? ¿Cómo lo sabes?

LCE
235

_____

_____

2 Haz una lista con objetos con volúmenes que podrías medir en pulgadas cúbicas.

_____

3   **a.** ¿Cuántas pulgadas cúbicas piensas que hay en un pie cúbico? _____

   b. ¿Cuántas pulgadas hay en un pie? _____

   c. ¿Cuántas pulgadas cuadradas hay en un pie cuadrado?

   _____ pulgadas cuadradas

   ¿Cómo hallaste tu respuesta?

   _____

   _____

   d. ¿Cuántas pulgadas cúbicas hay en un pie cúbico?

   _____ pulgadas cúbicas

   ¿Cómo hallaste tu respuesta?

   _____

   _____

4 Haz una lista con los volúmenes que podrías medir en pies cúbicos.

_____

_____

5 ¿Cuántos pies cúbicos hay en una yarda cúbica?

_____ pies cúbicos

¿Cómo hallaste tu respuesta?

_____

_____

_____

6 Haz una lista con volúmenes que podrías medir en yardas cúbicas.

_____

_____

7 La familia de Deena tiene un congelador de 2 yardas de ancho, 1 yarda de largo y 1 yarda de alto.

a. ¿Cuál es el volumen del congelador?

_____ yardas cúbicas

b. ¿Cuántos pies cúbicos de comida entrarán en el congelador?

_____ pies cúbicos

¿Cómo hallaste tu respuesta?

_____

_____

c. ¿Qué piensas que son mejores para medir el volumen del congelador, las yardas cúbicas o los pies cúbicos? ¿Por qué?

_____

_____

Más problemas de apilar cubos

Los cubos de cada prisma rectangular tienen la misma medida. Halla el volumen de cada prisma.

1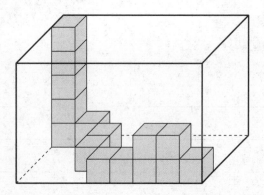

LCE
231-233

Volumen = _____ unidades cúbicas

2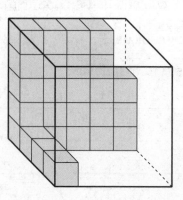

Volumen = _____ unidades cúbicas

3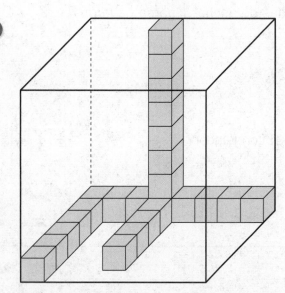

Volumen = _____ unidades cúbicas

Inténtalo

4 La pila de cubos representa la altura de un prisma rectangular.

Dibuja el contorno de una base rectangular en el papel cuadriculado para que el volumen del prisma sea de 60 unidades cúbicas.

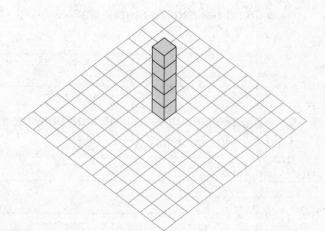

¿Cuál es el área de la base que dibujaste?

_____ unidades cuadradas

30

Cajas matemáticas

1 La lata A tiene un volumen de 25 frijoles. La lata B contiene el doble de frijoles que la lata A. ¿Cuál es el volumen de la lata B?

Volumen = _____ frijoles

LCE
230

2 Halla el área de un rectángulo de $1\frac{1}{2}$ pies por 2 pies.

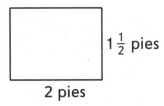

$1\frac{1}{2}$ pies

2 pies

Área = _____ pies cuadrados

LCE
224-225

3 Si $329 + 671 = 1{,}000$, ¿cuánto es $2 * (329 + 671)$?

_____

LCE
46

4 Completa.

a. 100 yd = _____ pies

b. 2 mi = _____ pies

c. _____ pulg. = 2 yd

d. _____ pies = 30 pulg.

LCE
215-216,
328

5 Resuelve.

a. $(14 + 2) / 8 =$ _____

b. $(36 / 6) + (42 / 7) =$ _____

c. $3 * (50 + 20 + 30) =$ _____

LCE
42

6 María compró 5 boletos a $20 cada uno. Cada boleto tenía un cargo extra de $2. Escribe una expresión que muestre cuánto pagó María por los boletos.

_____

LCE
42, 44

Cajas matemáticas

31

Estimar volúmenes de estuches de instrumentos

Usa los modelos matemáticos para estimar los volúmenes de los estuches de instrumentos en los Problemas 1 a 3.

---

1 Estuche de trombón

El volumen del estuche de trombón es de

alrededor de _____ pulg.³

2 Estuche de corno francés

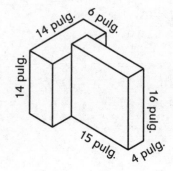

El volumen del estuche de corno francés

es de alrededor de _____ pulg.³

---

3 Estuche de xilofón

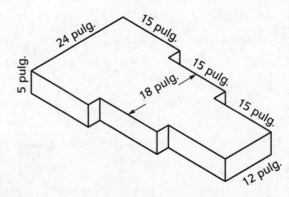

El volumen del estuche de xilofón es de alrededor de _____ pulg.³

Inténtalo

4 Asher necesita llevar el xilofón, el trombón y el corno francés al concierto de una banda. Su baúl tiene 13 pies cúbicos de espacio para cargar cosas. ¿Puede hacer que quepan los tres estuches en su baúl? Explica cómo lo sabes.

_____

_____

_____

Cajas matemáticas

1 ¿Cuál es el volumen del prisma?

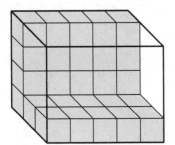

Volumen = _____ unidades cúbicas

LCE
231-232

2 Un felpudo mide 3 pies por $2\frac{1}{2}$ pies. ¿Cuál es el área del felpudo?

$2\frac{1}{2}$ pies

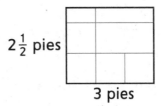

3 pies

Área = _____ pies²

LCE
224-225

3 Este prisma está hecho de bloques de unidades. Usa $V = B \times h$ para hallar el volumen.

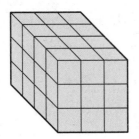

Volumen = _____ × _____ = _____ unidades
     área de   altura   cúbicas
     la base

LCE
231-233

4 Agrega paréntesis para que las ecuaciones sean verdaderas.

a. $5 * 4 - 2 = 10$

b. $8 - 7 * 25 = 25$

c. $36 \div 6 - 5 = 36$

LCE
42

5 **Escritura/Razonamiento** ¿Qué te dice el área de la base sobre la cantidad de cubos que caben en el prisma en el Problema 3?

_____

_____

_____

LCE
231-233

33

Comprender los símbolos de agrupación

Evalúa las siguientes expresiones.

1 $10 * [13 + (12 - 7)] =$ _____

2 _____ $= \{(5 * 6) + 2\} / 4$

3 _____ $= \{13 + (2 * 1)\} * 3$

4 $64 / [20 - (4 * 3)] =$ _____

Agrega símbolos de agrupación para que las siguientes oraciones numéricas sean verdaderas.

5 $4 = 4 * 6 - 2 + 3$

6 $300 \div 6 + 4 * 2 + 8 = 3$

7 $70 / 13 - 2 + 1 = 7$

8 $160 = 8 * 16 + 12 - 4 \div 2$

Escribe una expresión que represente la historia. Luego, evalúa la expresión.

9 Tommy tenía una bolsa con 100 globos. Sacó 2 globos rojos y 1 globo azul para armar cada sorpresa. Armó 12 sorpresas. ¿Cuántos globos le quedaron a Tommy?

Expresión: _____

Respuesta: _____ globos

10 Una tienda de abarrotes recibió un envío de 100 cajas de jugo de manzana. En cada caja había cuatro paquetes de 6 latas. Al inspeccionarlas, la tienda halló que había 9 latas dañadas. ¿Cuántas latas no estaban dañadas?

Expresión: _____

Respuesta: _____ latas

Cajas matemáticas

1 Jayden llenó un recipiente con cajas de marcadores. Puso 2 cajas en cada capa. Necesitó 4 capas para llenar el recipiente. ¿Cuál es el volumen del recipiente?

Volumen = _____ cajas de marcadores

LCE
230, 232

2 El dormitorio de Imani mide 3 yardas por $4\frac{1}{4}$ yardas. Ella lo alfombrará.

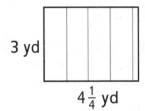

3 yd

$4\frac{1}{4}$ yd

¿Son suficientes 13 yardas cuadradas de alfombra para cubrir el dormitorio?

_____

LCE
224-225

3 Escribe una expresión con un valor que sea el doble de $236 + 912$.

_____

LCE
45-46

4 Completa.

a. 1.5 km = _____ m

b. 36 pulg. = _____ yd

c. 3 m = _____ mm

d. 5 dm = _____ cm

LCE
215-216, 328

5 Resuelve.

a. $\left(\frac{1}{2} + \frac{1}{2}\right) * 5 =$ _____

b. $10 * (300 \div 30) =$ _____

c. $6 * \left(1\frac{1}{2} + 1\frac{1}{2}\right) =$ _____

LCE
42,
186-187

6 Milo tiene 3 perros y 2 gatos. Cada mascota come 2 tazas de comida por día.

¿Cuál(es) de las siguientes expresiones muestra(n) cuánta comida comen las mascotas de Milo por día?

Rellena el círculo que está junto a <u>todas</u> las respuestas que correspondan.

Ⓐ $(3 * 2) + 2$

Ⓑ $(3 + 2) * 2$

Ⓒ $3 + (2 + 2)$

Ⓓ $(3 * 2) + (2 * 2)$

LCE
42, 44

35

Cajas matemáticas: Avance de la Unidad 2

Cajas matemáticas:

1 Usa los siguientes números para resolver. Usa cada dígito una sola vez.

   7, 1, 0, 2, 9

   a. Escribe el mayor número que puedas.

   _____

   b. Escribe el menor número que puedas. (No empieces por 0).

   _____

   LCE
   66-67

2 Resuelve.

   a. 6 * 100 = _____

   b. 6 * 10 = _____

   c. 6 * 1,000 = _____

   d. 60 * 10 = _____

   LCE
   95

3 ¿En cuáles de los siguientes casos, todos los números son múltiplos de 6? Escoge la mejor respuesta.

   ⬭ 24, 72, 19, 36

   ⬭ 12, 27, 42, 18

   ⬭ 60, 48, 12, 24

   ⬭ 6, 56, 42, 30

   LCE
   72

4 Resuelve.

   a. 5 6   **b.** 4 2 3
        *   4   *   6
      _____   _____

   LCE
   100-101, 104

5 Resuelve.

   27 ÷ 9 = _____

   270 ÷ 9 = _____

   _____ = 42 ÷ 7

   _____ = 420 ÷ 7

   LCE
   106

6 Escribe el siguiente número en forma desarrollada.

   23,465 = _____

   _____

   LCE
   70

36

Relaciones de valor posicional

Mensaje matemático

1 ¿Cuál es el valor del 2 en los siguientes números?

2 _____

23 _____

230 _____

2,300 _____

23,000 _____

2 ¿Cuál es el valor del 6 en los siguientes números?

65,000 _____

6,500 _____

650 _____

65 _____

6 _____

---

3 Escribe estos números en forma desarrollada.

a. 2,387,926 = _____

_____

b. 92,409,224 = _____

_____

4 Escribe estos números en notación estándar.

a. 4 [100,000] + 5 [10,000] + 0 [1,000] + 3 [100] + 6 [10] + 2 [1] = _____

b. (9 * 10,000) + (3 * 1,000) + (4 * 100) + (9 * 10) + (1 * 1) = _____

c. 3 decenas de millar + 2 millares + 5 centenas + 7 decenas + 9 unidades= _____

5 ¿Cómo te ayuda la forma desarrollada a ver los patrones en nuestro sistema de valor posicional?

_____

_____

_____

6 Escribe el valor del 4 en cada número.

LCE
66-67

a. 348,621 _____

b. 24,321 _____

c. 624,876,712 _____

d. 13,462 _____

e. 463,295 _____

f. 942 _____

7 Escribe el valor del dígito identificado. Luego, completa el espacio vacío con "10 veces" o "$\frac{1}{10}$ del".

a. ¿Cuál es el valor del 7 en 732? _____   ¿En 7,328? _____

El valor del 7 en 732 es _____ valor del 7 en 7,328.

b. ¿Cuál es el valor del 4 en 32,940? _____   ¿En 32,904? _____

El valor del 4 en 32,940 es _____ el valor del 4 en 32,904.

c. ¿Cuál es el valor del 2 en 30,275? _____   ¿En 18,921? _____

El valor del 2 en 30,275 es _____ el valor del 2 en 18,921.

d. ¿Cuál es el valor del 1 en 90,106? _____   ¿En 21,000? _____

El valor del 1 en 90,106 es _____ valor del 1 en 21,000.

8 a. Escribe un número en el que el 5 valga 500. _____

b. Escribe un número en el que el 5 valga 10 veces su valor que en el número que escribiste

en la Parte a. _____

c. ¿Cómo cambió la posición de tu 5 en el número en la Parte b?

_____

9 a. Escribe un número en el que el 3 valga 30,000 y el 2 valga 20. _____

b. Escribe un número en el que el 3 valga $\frac{1}{10}$ de su valor en el número que escribiste

en la Parte a y el 2, 10 veces su valor en ese número _____

c. ¿Cómo cambió la posición del 3 en tu número de la Parte b?

_____

Hallar volúmenes de prismas rectangulares

Los cubos de cada prisma rectangular tienen el mismo tamaño. Cada prisma tiene al menos una pila de cubos que llega hasta la parte superior. Halla la cantidad necesaria de cubos para llenar totalmente cada prisma. Luego, usa la fórmula como ayuda para escribir una oración numérica que represente el volumen.

1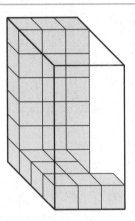

_____ cubos para llenar el prisma

$V = B * h$

_____ = _____ * _____

2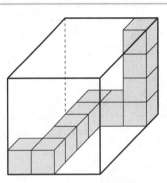

_____ cubos para llenar el prisma

$V = l * a * h$

_____ = _____ * _____ * _____

3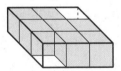

_____ cubos para llenar el prisma

$V = l * a * h$

_____ = _____ * _____ * _____

4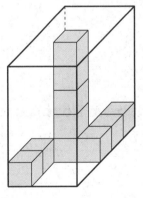

_____ cubos para llenar el prisma

$V = B * h$

_____ = _____ * _____

Cajas matemáticas

1 Halla el área del rectángulo.
Escribe una oración numérica.

$1\frac{1}{4}$ cm

3 cm

Área = _____ cm²

_____
(oración numérica)

LCE
224-225

2 ¿Cuál es el valor del 4 en los siguientes números?

a. 42 _____

b. 420 _____

c. 4,200 _____

d. 42,000 _____

LCE
66-67

3 Completa.

a. 6 pies = _____ pulgadas

b. _____ toneladas = 4,000 libras

c. $\frac{1}{2}$ libra = _____ onzas

d. 9 yardas = _____ pies

LCE
215-217,
328

4 Halla el volumen del prisma.

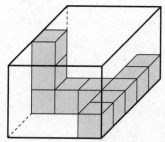

Volumen = _____ unidades cúbicas

LCE
231-232

5 **Escritura/Razonamiento** ¿Cómo hallaste el área del rectángulo en el Problema 1?

_____

_____

_____

_____

_____

LCE
224-225

Potencias de 10 y notación exponencial

Sigue las instrucciones de tu maestro para completar esta tabla.

Notación exponencial	Producto de 10	Notación estándar
10^6	10 * 10 * 10 * 10 * 10 * 10	1,000,000

Completa las oraciones numéricas.

1 $3 * 10^2 = 3 * 100 =$ _____

2 $7 * 10^9 = 7 *$ _____ = _____

3 $3 * 10^4 =$ _____ * _____ = _____

4 $25 * 10^3 =$ _____ * _____ = _____

5 _____ $= 93 *$ _____ $= 93,000,000$

6 Los números de los Problemas 1 a 5 son las respuestas a las siguientes preguntas. Completa cada espacio en blanco con tu mejor estimación. Escribe tu respuesta en notación estándar o exponencial.

a. La distancia del Sol a la Tierra es de alrededor de _____ millas.

b. La Estatua de la Libertad mide alrededor de _____ pies de alto.

c. En 2014, la población de la Tierra era de alrededor de _____ de personas.

d. Si dieras la vuelta a la Tierra caminando la línea del ecuador, caminarías alrededor de

_____ miles.

e. El Monte Everest, la montaña más alta de la Tierra, mide alrededor de

_____ pies de alto.

Forma desarrollada con potencias de 10

Los números en forma desarrollada se escriben como expresiones de suma que muestran el valor de cada dígito.

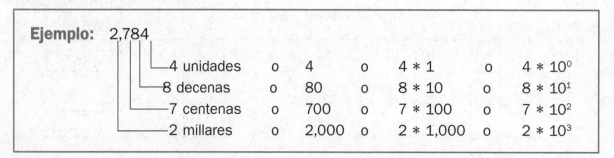

Ejemplo: 2,784

4 unidades	o 4	o 4 * 1	o 4 * 10^0
8 decenas	o 80	o 8 * 10	o 8 * 10^1
7 centenas	o 700	o 7 * 100	o 7 * 10^2
2 millares	o 2,000	o 2 * 1,000	o 2 * 10^3

2,784 se puede escribir en forma desarrollada de diferentes maneras.

• Como expresión de suma: 2,000 + 700 + 80 + 4

• Como la suma de expresiones de multiplicación con potencias de 10: (2 * 1,000) + (7 * 100) + (8 * 10) + (4 * 1)

• Como la suma de expresiones de multiplicación que usan exponentes para mostrar las potencias de 10: (2 * 10^3) + (7 * 10^2) + (8 * 10^1) + (4 * 10^0)

---

① **a.** Escribe 6,125 en forma desarrollada como una expresión de suma.

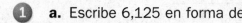

b. Escribe 6,125 en forma desarrollada como la suma de expresiones de multiplicación con potencias de 10.

_____

c. Escribe 6,125 en forma desarrollada como la suma de expresiones de multiplicación que usan exponentes para mostrar las potencias de 10.

_____

② Escribe cada número en notación estándar.

a. 12 * 10^5 _____   **b.** 4 * 10^8 _____

③ Escribe cada número con notación exponencial y potencias de 10.

a. 30,000 _____   **b.** 4,200,000 _____

Resolver un problema de volumen de la vida diaria

Josef y su madre están alquilando una unidad de almacenaje. Quieren alquilar la unidad más grande. A continuación se muestran las dimensiones de las unidades disponibles. Calcula el volumen de cada unidad. Escribe la fórmula que usas y muestra tu trabajo. Encierra en un círculo la unidad de almacenaje que piensas que deberían alquilar.

Unidad de almacenaje 1

8 pies · 6 pies · 5 pies

Fórmula: V = _____

El volumen de la unidad de almacenaje 1 es de

_____ pies³.

Unidad de almacenaje 2

7 pies · 4 pies · 9 pies

Fórmula: V = _____

El volumen de la unidad de almacenaje 2 es de

_____ pies³.

Unidad de almacenaje 3

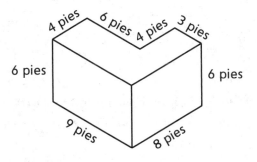

4 pies · 6 pies · 4 pies · 3 pies · 6 pies · 6 pies · 9 pies · 8 pies

Fórmula: V = _____

El volumen de la unidad de almacenaje 3 es de

_____ pies³.

Unidad de almacenaje 4

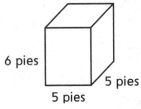

6 pies · 5 pies · 5 pies

Fórmula: V = _____

El volumen de la unidad de almacenaje 4 es de

_____ pies³.

Cajas matemáticas

1 Resuelve.

a. $(24 \div 8) \times 4 =$ _____

b. $4 + (15 / 3) =$ _____

c. $[(6 + 4) \times 3] + 6 =$ _____

d. $4 \times \{5 + (10 \div 2)\} =$ _____

LCE
42-43

2 Escribe un número de 4 dígitos con un 4 en el lugar de las centenas, un 8 en el lugar de los millares, un 3 en el lugar de las unidades y un 7 en el lugar de las decenas.

_____, _____ _____ _____

LCE
66-67

3 Escribe 23,436 en forma desarrollada.

_____

_____

_____

_____

LCE
70

4 Halla el volumen del prisma. Usa la fórmula: $V = l \times a \times h$.

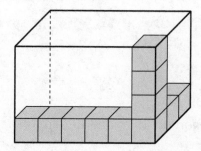

Volumen $=$ ____ $\times$ ____ $\times$ ____ $=$ ____

unidades^3 LCE
231-233

5 Escribe cada potencia de 10 en notación exponencial.

a. $10 \times 10 \times 10 =$ _____

b. $10 \times 10 \times 10 \times 10 \times 10 =$ _____

c. $10 \times 10 \times 10 \times 10 \times 10 \times 10 \times 10 =$

_____

d. $10 \times 10 \times 10 \times 10 \times 10 \times 10 \times 10 \times$

$10 \times 10 =$ _____

LCE
68

6 La hermana de Jonah tiene 10 años. Jonah tiene 8 años menos que el doble de la edad de su hermana. Escribe una expresión para la edad de Jonah.

_____

LCE
42, 44

Cajas matemáticas

Estimar con potencias de 10

Usa la estimación para resolver.

1 Una ferretería vende escaleras que se extienden hasta los 12 pies.
La publicidad de la ferretería dice:

¡El inventario más grande del país! ¡Si colocara todas nuestras escaleras una sobre otra, podría subir hasta la punta del edificio Empire State!

La compañía tiene 295 escaleras en existencia. El edificio Empire State mide 1,453 pies de alto. ¿Es verdad que las escaleras podrían llegar hasta la punta del edificio? _____

Explica cómo resolviste el problema.

_____

_____

_____

2 La biblioteca escolar recibió una donación de 42 cajas de libros. Cada caja contiene entre 15 y 18 libros. La biblioteca tiene 10 estantes vacíos. En cada estante caben hasta 60 libros.

¿Hay suficiente lugar en la biblioteca para todos los libros nuevos? _____

Explica cómo resolviste el problema.

_____

_____

_____

3 Nishant se encarga de recolectar tapas de cajas de cereal para cambiarlas por artículos tecnológicos para su escuela. Guarda las tapas de cajas en 38 carpetas. En cada carpeta hay 80 tapas.

¿Tiene suficientes tapas de cajas para cambiarlas por una impresora? _____

¿Por una cámara digital? _____

¿Por una *tablet*? _____

Artículo	Cantidad de tapas necesarias
Impresora	1,500
Cámara digital	3,500
Tablet	5,000

Explica cómo resolviste el problema.

_____

_____

_____

Escribir y comparar expresiones

1 Escribe cada enunciado como una expresión con símbolos de agrupamiento. No evalúes las expresiones.

a. Halla el resultado de la suma de 13 y 7, luego resta 5. _____

b. Multiplica 3 y 4, y divide el producto por 6. _____

c. Suma 138 y 127, y multiplica el resultado por 5. _____

d. Divide por 10 el resultado de la suma de 45 y 35. _____

e. Suma 300 al resultado de la diferencia de 926 y 452. _____

2 Compara las dos expresiones. No las evalúes. ¿En qué se diferencian sus valores?

a. $2 * (489 + 126)$ y $489 + 126$

_____

_____

b. $(367 \times 42) - 328$ y 367×42

_____

_____

3 Debajo se muestran las publicidades de dos tiendas que tienen camisetas en oferta.

a. Escribe una expresión que represente el costo de dos camisetas en cada tienda.

Camisetas para todos	Mercado de camisetas
¡Camisetas a mitad de precio! Precio normal: $14.00. Expresión:	Precio de oferta de camisetas: $8.00. Expresión:

b. ¿Qué tienda tiene la mejor oferta? ¿Cómo lo sabes?

_____

_____

_____

Cajas matemáticas

1 Krista tiene un jardín de 5 yardas por $2\frac{1}{2}$ yardas, y quiere cubrirlo con abono. El abono se vende en bolsas que cubren 5, 15 o 30 yardas cuadradas. ¿Qué tamaño de bolsa debería comprar Krista?

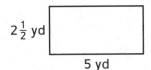

$2\frac{1}{2}$ yd

5 yd

Rellena el círculo que está junto a la mejor respuesta.

(A) 5 yardas cuadradas

(B) 15 yardas cuadradas

(C) 30 yardas cuadradas

LCE 224-225

2 ¿Cuál es el valor del 8 en los siguientes números?

a. 38 _____

b. 382 _____

c. 832 _____

d. 8,432 _____

e. 85,432 _____

LCE 66-67

3 Completa.

a. 5 m = _____ mm

b. _____ kg = 8,000 g

c. 10 litros = _____ mililitros

d. 8 dm = _____ cm

e. 5 toneladas métricas = _____ kg

LCE 215-217, 328

4 Halla el volumen del prisma.

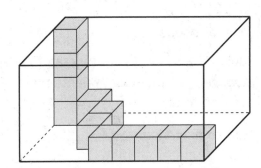

Volumen = _____ unidades cúbicas

LCE 231-232

5 **Escritura/Razonamiento** Explica qué sucede con el valor del 8 cuando se mueve un lugar hacia la izquierda en el Problema 2.

_____

_____

_____

LCE 66-67

Resuelve uno de los problemas, el Problema 1 o el Problema 2, con la multiplicación usual de EE. UU., y el otro con cualquier estrategia. Muestra tu trabajo. Asegúrate de verificar que cada respuesta tenga sentido.

LCE 44, 100, 102, 104

1
```
  23
*  6
____
```

2
```
  76
*  5
____
```

3 Escoge el Problema 1 o el Problema 2. Explica cómo verificaste si tu respuesta tenía sentido.

_____

_____

_____

Haz lo siguiente en los Problemas 4 a 7:

- Escribe un modelo numérico con una letra para representar la incógnita.
- Resuelve el problema. Usa la multiplicación usual de EE. UU. en al menos un problema. Muestra tu trabajo.
- Escribe la respuesta.

4 Paula tiene 7 mazos de tarjetas. En cada mazo hay 52 tarjetas. ¿Cuántas tarjetas tiene en total?

Modelo numérico: $52 * 7 = t$

Respuesta: _____ tarjetas

5 Un arbusto mide 21 pulgadas de alto. Un árbol mide 5 veces la altura del arbusto. ¿Cuánto mide el árbol?

Modelo numérico: _____

Respuesta: _____ pulgadas

6 Una cerca tiene 45 secciones. Cada sección mide 6 metros de largo. ¿Cuánto mide la cerca?

Modelo numérico: _____

Respuesta: _____ metros

7 Un edificio de apartamentos tiene 9 apartamentos por piso. Hay 43 pisos. ¿Cuántos apartamentos hay en el edificio?

Modelo numérico: _____

Respuesta: _____ apartamentos

Cajas matemáticas

---

1 Resuelve.

a. $(3 \times 4) + (18 \div 3) =$ _____

b. $[7 \times (2 + 3)] - 20 =$ _____

c. $2 \times \{(81 \div 9) \div (9 \div 3)\} =$ _____

LCE
42-43

---

2 Escribe un número de 5 dígitos con un 6 en el lugar de las unidades, un 3 en el lugar de los millares, un 1 en el lugar de las centenas, un 8 en el lugar de las decenas de millar y un 0 en el lugar de las decenas.

____ ____, ____ ____ ____

LCE
66-67

---

3 ¿Qué expresiones muestran 3,248 en forma desarrollada?

Rellena el círculo que está junto a <u>todas</u> las respuestas que correspondan.

Ⓐ $32 \times 1,000 + 4 \times 10 + 8 \times 1$

Ⓑ $3\ [1,000] + 2\ [100] + 4\ [10] + 8\ [1]$

Ⓒ $3 \times 1,000 + 2 \times 100 + 4 \times 10 + 8 \times 1$

Ⓓ $3 \times 10^3 + 2 \times 10^2 + 4 \times 10^1 + 8 \times 10^0$

LCE
70

---

4 Halla el volumen del prisma.
Usa la fórmula $V = l \times a \times h$.

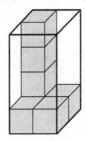

Volumen = ____ × ____ × ____ = ____

unidades³

LCE
231-233

---

5 Escribe en notación exponencial.

a. $10 \times 10 \times 10 \times 10$ _____

b. $10 \times 10 \times 10$ _____

c. $10 \times 10 \times 10 \times 10 \times 10 \times 10 \times 10 \times 10 \times 10 \times 10 \times 10$ _____

LCE
68

---

6 Asher usó 5 manzanas para hacer un pastel. Para hacer un frasco de puré de manzana, necesitó el doble de manzanas que para el pastel y dos más.
Escribe una expresión que represente cuántas manzanas necesitó Asher para el puré de manzana.

_____

LCE
42, 44

En nuestro sistema de valor posicional, las potencias de 10 se agrupan en conjuntos de tres, llamados períodos. Tenemos períodos para las unidades, los millares, los millones, los millares de millón, etc. Cuando escribimos números grandes en notación estándar, separamos estos períodos con comas. El lenguaje matemático incluye prefijos para los períodos y otras importantes potencias de 10.

LCE 68-69

Períodos									
Millones				Millares			Unidades		
Miles de millones	Centenas de millón	Decenas de millón	Millones	Centenas de millar	Decenas de millar	Millares	Centenas	Decenas	Unidades
10^9	10^8	10^7	10^6	10^5	10^4	10^3	10^2	10^1	10^0

Usa la tabla de valor posicional y la tabla de prefijos para completar los siguientes enunciados, y completa los exponentes que faltan.

Prefijos	
tera-	billón (10^{12})
giga-	mil millones (10^9)
mega-	millón (10^6)
kilo-	mil (10^3)
hecto-	cien (10^2)
deca-	diez (10^1)
uni-	uno (10^0)

1. La distancia de Chicago a Nueva Orleans es de alrededor de 10^3, o _____ millas.

2. Un millonario tiene al menos $10^{\boxed{}}$ dólares.

3. La Luna está a 240,000, o _____ * $10^{\boxed{}}$, millas de la Tierra.

4. Una computadora con un disco duro de 1 terabyte puede almacenar aproximadamente $10^{\boxed{}}$, o un _____ de bytes de información.

5. El Sol está a alrededor de $89 * 10^7$, o _____ millas de Saturno.

6. Una cámara de 5 megapíxeles tiene una resolución de $5 * 10^{\boxed{}}$, o 5 _____ de píxeles.

7. ¿Qué patrones observas en las siguientes oraciones numéricas?

$42 * 100 = 42 * 10^2 = 4,200$

$42 * 1,000 = 42 * 10^3 = 42,000$

$42 * 10,000 = 42 * 10^4 = 420,000$

_____

_____

Cajas matemáticas

1 Resuelve.

a. $3 * 100 =$ _____

b. $6 * 1{,}000 =$ _____

c. $8 * 10{,}000 =$ _____

d. $3 *$ _____ $= 300{,}000$

e. $5 *$ _____ $= 5{,}000{,}000$

LCE
95-96

2 Escribe cada número en notación exponencial.

a. $100 =$ _____

b. $10{,}000 =$ _____

c. $1{,}000{,}000 =$ _____

d. $100{,}000 =$ _____

e. $100{,}000{,}000 =$ _____

LCE
68

3 Halla el volumen del prisma. Usa la fórmula $V = B \times h$.

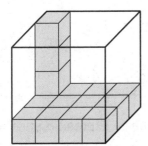

Área de la base = _____ unidades^2

$V =$ _____ $\times$ _____ $=$ _____

unidades^3

LCE
231-233

4 Haz una estimación y luego resuelve.

a. _____   **b.** _____
(estimación)   (estimación)

$$\begin{array}{r} 3\ \ 4 \\ *\ \ \ \ 8 \\ \hline \end{array}$$

$$\begin{array}{r} 5\ \ 2 \\ *\ \ \ \ 6 \\ \hline \end{array}$$

LCE
83, 100,
102, 104

5 **Escritura/Razonamiento** Explica cómo sabías cuántos ceros había en los productos en los Problemas 1a a 1c.

_____

_____

LCE
27-29,
95-96

Historias de conversión de unidades

FECHA   HORA

1 Una productora de leche tiene 12 galones de leche. Quiere verterla en recipientes de 1 cuarto de galón.

a. ¿Cuántos cuartos hay en 1 galón?

_____ cuartos

b. ¿Cuántos cuartos hay en 12 galones?

_____ cuartos

c. ¿Cuántos cuartos de leche tiene la productora?

_____ cuartos

d. Escribe una expresión para representar la historia de números.

_____

2 Una costurera cosió dos pedazos de tela. Un pedazo medía 3 pies de largo. El otro medía 8 pulgadas de largo.

LCE
44, 215-216, 328

a. ¿Cuál es la longitud en pulgadas del pedazo de tela de 3 pies?

_____ pulgadas

b. ¿Cuál es la longitud total del nuevo pedazo de tela?

_____ pulgadas

c. Escribe una expresión para representar ambos pasos de la historia de números.

_____

En los Problemas 3 y 4:

- Resuelve el problema.
- Escribe una expresión para representar el problema. Evalúa la expresión para verificar tu respuesta.

3 Dos estudiantes de quinto grado corrieron una carrera. Un estudiante tardó 2 minutos en correr de un extremo del área de juego al otro. El otro estudiante tardó 98 segundos. ¿Cuánto más rápido fue el segundo estudiante?

Inténtalo

4 El chef de un restaurante tiene 5 libras de bistec. Quiere cortarlo en porciones de 8 onzas para servirlo a los clientes. ¿Cuántas porciones de 8 onzas puede hacer?

Respuesta: _____ segundos

_____
(modelo numérico)

Respuesta: _____ porciones

_____
(modelo numérico)

Cajas matemáticas

1 Completa.

a. $4 \times 3 =$ _____

b. $3 \times 10^3 =$ _____

c. $4 \times$ _____ $= 12{,}000$

d. $4 \times 3 \times$ _____ $= 12{,}000$

LCE
95-98

2 La siguiente figura es un modelo matemático de una casita con sábanas que Sue construyó en su habitación. Usa el modelo para estimar el volumen de la casita.

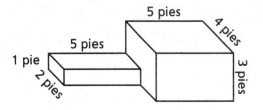

Volumen: Alrededor de _____ pies cúbicos

LCE
233-234

3 Haz una estimación y resuelve.

$492 * 4 = ?$

_____
(estimación)

```
    4  9  2
*         4
_____
```

LCE
83, 100,
102, 104

4 Agrega símbolos de agrupación para que las oraciones numéricas sean verdaderas.

a. $5 \quad * \quad 4 \quad - \quad 2 \quad = \quad 10$

b. $45 \ / \ 9 \quad + \quad 6 \quad = \quad 3$

c. $2 \quad * \quad 4 \quad \div \quad 2 \quad + \quad 3 \quad = \quad 10$

LCE
42-43

5 ¿Qué números de 6 dígitos tienen un 2 en el lugar de las unidades, un 7 en el lugar de los millares y un 9 en el lugar de las centenas de millar?

☐ 942,147   ☐ 749,124

☐ 947,142   ☐ 497,142

☐ 927,442

LCE
66-67

6 Completa los dígitos que faltan.

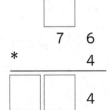

```
    ☐
    7  6
*      4
_____
☐  ☐
    4
```

LCE
102

Estimar y multiplicar con números de 2 dígitos

En los Problemas 1 a 3:

- Haz una estimación. Escribe un modelo numérico para mostrar cómo estimaste.
- Resuelve usando la multiplicación usual de EE. UU. Muestra tu trabajo.
- Usa tu estimación para verificar si tu respuesta tiene sentido.

Ejemplo: 76 * 24 = ?

Estimación: $\underline{80 * 20 = 1,600}$

```
        1
        2
      7 6
   *    2 4
   ─────────
      3 0 4
 + 1, 5 2 0
 ──────────
   1, 8 2 4
```

(1) 31 * 43 = ?

Estimación: _____

```
      3 1
   *  4 3
```

(2) 26 * 16 = ?

Estimación: _____

```
      2 6
   *  1 6
```

(3) 87 * 46 = ?

Estimación: _____

```
      8 7
   *  4 6
```

(4) Explica cómo tu estimación te ayuda a verificar si tu respuesta al Problema 1 tiene sentido.

_____

_____

Inténtalo

(5) Completa el modelo de área. Explica cómo se relaciona con tu trabajo para el Problema 3.

_____

_____

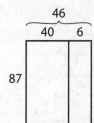

Cajas matemáticas

1 Completa. Usa la notación exponencial para las Partes d y e.

a. $8 \times 10^2 =$ _____

b. $3 \times 10^3 =$ _____

c. $5 \times 10^4 =$ _____

d. $2 \times$ _____ $= 2,000,000$

e. $7 \times$ _____ $= 700,000$

LCE 95-96

2 Completa la tabla.

LCE 68

Notación estándar	Notación exponencial
1,000	
	10^5
	10^7
1,000,000	

3 Halla el volumen del prisma.
Usa la fórmula $V = B \times h$.

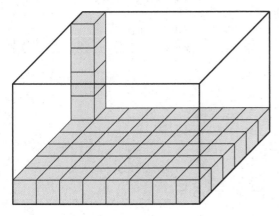

$V =$ _____ $\times$ _____ $=$ _____ unidades^3

LCE 231-233

4 Haz una estimación y resuelve.

a. _____
(estimación)

$$\begin{array}{r} 6\quad4 \\ *\quad\quad5 \\ \hline \end{array}$$

b. _____
(estimación)

$$\begin{array}{r} 8\quad9 \\ *\quad\quad3 \\ \hline \end{array}$$

LCE 83, 100, 102, 104

5 **Escritura/Razonamiento** Explica cómo sabes que la fórmula $V = B \times h$ te dice cuántos bloques de unidades podrían caber en el prisma del Problema 3.

_____

_____

_____

_____

LCE 233

Escoger estrategias de multiplicación

Resuelve el Problema 1 usando la multiplicación usual de EE. UU.
Resuelve los Problemas 2 a 6 usando cualquier estrategia. Muestra tu trabajo.
Usa tus estimaciones para verificar si tus respuestas tienen sentido.

1 $627 * 34 = ?$

Estimación: _____

2 $148 * 8 = ?$

Estimación: _____

$627 * 34 =$ _____

$148 * 8 =$ _____

3 $72 * 110 = ?$

Estimación: _____

4 $436 * 65 = ?$

Estimación: _____

$72 * 110 =$ _____

$436 * 65 =$ _____

5 Un dependiente pidió 72 cajas de clips. En cada caja hay 250 clips. ¿Cuántos clips hay en total?

Estimación: _____

6 La foto de un edificio mide 18 centímetros de alto. El edificio real es 892 veces más alto que la foto. ¿Cuánto mide el edificio?

Estimación: _____

Respuesta: _____ clips

Respuesta: _____ centímetros

7 ¿Qué estrategia usaste para resolver el Problema 3? Explica por qué escogiste esa estrategia.

_____

_____

Cajas matemáticas

---

1 Completa.

a. $7 \times 2 =$ _____

b. $2 \times 10^2 =$ _____

c. $7 \times 10^2 =$ _____

d. $(7 \times 10^2) \times (2 \times 10^2) =$

_____

e. $700 \times 200 =$ _____

LCE 95-98

---

2 La siguiente figura es un modelo matemático del vagón de juguete de Remy. Usa el modelo para estimar el volumen del vagón.

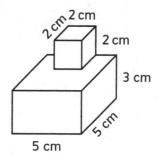

Volumen: Alrededor de _____ cm³

LCE 233-234

---

3 Haz una estimación y luego resuelve.

a. _____   b. _____
   (estimación)   (estimación)

```
  2  8  7            4  1
*        9        *  1  7
_____         _____
```

LCE 83, 100, 102, 104

---

4 Agrega símbolos de agrupación para que las oraciones numéricas sean verdaderas.

a. $36 / 6 - 5 = 36$

b. $25 * 8 - 3 = 125$

c. $2 + 36 \div 12 - 10 = 19$

d. $2 + 36 \div 12 - 6 = 8$

LCE 42-43

---

5 Escribe un número de 7 dígitos con un 5 en el lugar de las centenas de millar, un 2 en el lugar de las decenas, un 4 en el lugar de los millones, un 6 en el lugar de las decenas de millar y 0 en los demás lugares.

_____

LCE 66-67

---

6 Completa los dígitos que faltan.

```
    [ ]
   6  2
×      8
_____
[ ] 9 [ ]
```

LCE 102

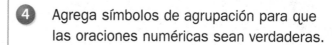

Invitaciones

Zoey está enviando invitaciones a una fiesta de quinto grado. Tarda alrededor de 30 segundos en poner la dirección en 1 sobre.

1. ¿Alrededor de cuántos segundos tardaría Zoey en poner la dirección en 10 sobres? Muestra tu trabajo.

Alrededor de _____ segundos

2. ¿Alrededor de cuántos segundos tardaría Zoey en poner la dirección en 100 sobres? Muestra tu trabajo.

Alrededor de _____ segundos

Cajas matemáticas

1 Tara tardó 32 minutos en caminar hasta la tienda, 56 minutos en hacer las compras y 32 minutos en volver a su casa. ¿Cuántas horas estuvo afuera Tara?

_____
(modelo numérico)

Respuesta: _____ horas

LCE 44, 216

2 Haz una estimación y resuelve.

a.
$$\begin{array}{r} 3\ 1\ 2 \\ \times\quad 2\ 3 \\ \hline \end{array}$$

_____
(estimación)

b.
$$\begin{array}{r} 4\ 9\ 6 \\ \times\quad 3\ 2 \\ \hline \end{array}$$

_____
(estimación)

LCE 83, 100, 104

3 ¿Qué expresión muestra 5,892 en forma desarrollada?
Rellena el círculo que está junto a la mejor respuesta.

○ **A.** $(5 \times 10^3) + (8 \times 10^2) + (9 \times 10^1) + (2 \times 10^0)$

○ **B.** $(5 \times 10^4) + (8 \times 10^3) + (9 \times 10^2) + (2 \times 10^1)$

○ **C.** $(5 \times 10^1) + (8 \times 10^2) + (9 \times 10^3) + (2 \times 10^4)$

LCE 70

4 Halla el volumen del prisma.
Usa la fórmula $V = l \times a \times h$.

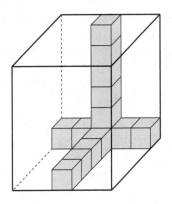

$V =$ ____ $\times$ ____ $\times$ ____ $=$ ____ unidades^3

LCE 231-233

5 **Escritura/Razonamiento** ¿Qué método usaste para multiplicar en el Problema 2a? ¿Por qué escogiste ese método?

_____

_____

_____

LCE 100-104

Cajas matemáticas

Usar múltiplos para dar otro nombre a los dividendos

Saca 2 tarjetas para crear un dividendo. Saca una tarjeta más para crear un divisor.
Usa múltiplos del divisor para formar nombres equivalentes para el dividendo.
Luego, resuelve el problema de división. Resume tu solución.

Ejemplo: Rosie sacó 7, 4 y 3, y creó su dividendo 74 y su divisor 3. Hizo una lista de múltiplos de 3 y completó la siguiente caja de coleccionar nombres.

74
30 + 30 + 14
60 + 14
60 + 12 + 2

Múltiplos de 3: 3, 6, 9, 12, 15, 18, 21, 24, 27, 30...

$$60 + 12 + 2$$

$$60 / 3 = 20 \qquad 12 / 3 = 4$$

$$74 / 3 \rightarrow 24 \ R2$$

---

1 Dividendo: _____ Divisor: _____

Múltiplos del divisor: _____

_____

Resumen: _____ / _____ → _____

---

2 Dividendo: _____ Divisor: _____

Múltiplos del divisor: _____

_____

Resumen: _____ / _____ → _____

---

3 Dividendo: _____ Divisor: _____

Múltiplos del divisor: _____

_____

Resumen: _____ / _____ → _____

---

4 Dividendo: _____ Divisor: _____

Múltiplos del divisor: _____

_____

Resumen: _____ / _____ → _____

Practicar conversiones de unidades

Completa las tablas para mostrar las conversiones de unidades en los Problemas 1 y 2.

1

Horas	Minutos
1	
2	
5	

2

Yardas	Pulgadas
1	
3	
10	

En los Problemas 3 a 6:

- Resuelve el problema.
- Escribe una expresión para representar el problema.
- Evalúa la expresión para verificar tu respuesta.

3 Un elefante africano adulto puede llegar a pesar 7 toneladas. Al nacer, pesa alrededor de 200 libras. ¿Cuántas libras más que un recién nacido pesa un elefante africano adulto?

Respuesta: _____ libras

_____
(modelo numérico)

4 Un paisajista compró 6 yardas cúbicas de tierra. Hasta ahora, usó 90 pies cúbicos. ¿Cuántos pies cúbicos de tierra le quedan?

Pista: ¿Cuántos pies cúbicos hay en 1 yarda cúbica?

Respuesta: _____ pies cúbicos

_____
(modelo numérico)

5 Una habitación rectangular mide 4 yardas de largo y 5 yardas de ancho. Lucas está poniéndole baldosas de 1 pie cuadrado. ¿Cuántas baldosas necesitará?

Pista: Comienza hallando el área de la habitación en yardas cuadradas.

Respuesta: _____ baldosas

_____
(modelo numérico)

Inténtalo

6 Un entrenador de fútbol americano mezcló 4 galones de bebida isotónica para su equipo. Una porción de bebida es 1 taza. ¿Cuántas porciones de bebida isotónica mezcló el entrenador?

Respuesta: _____ porciones

_____
(modelo numérico)

1 ¿Qué modelo muestra $\frac{5}{6}$ sombreados?

Escoge la mejor respuesta.

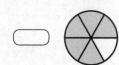

LCE
153, 155

2 Yasmin tenía 3 bananas. Las repartió en partes iguales entre los 4 miembros de su familia. Escribe una expresión que muestre qué cantidad de banana recibió cada persona.

_____

LCE
38, 44,
163-164

3 Marcus gastó $\frac{1}{2}$ de su mesada en cromos y $\frac{1}{4}$ de su mesada en bocaditos. ¿Gastó más en cromos o en bocaditos?

_____

LCE
174-175

4 Escribe dos fracciones equivalentes a $\frac{1}{2}$.

_____   _____

Escribe dos fracciones equivalentes a $\frac{1}{4}$.

_____   _____

LCE
165-166,
168, 170

5 Resuelve.

a. _____ $+ \frac{1}{8} + \frac{1}{8} = \frac{3}{8}$

b. $\frac{1}{4} +$ _____ $+ \frac{1}{4} = \frac{3}{4}$

c. $\frac{1}{5} +$ _____ $= \frac{4}{5}$

d. $\frac{2}{9} + \frac{5}{9} =$ _____

LCE
186

6 Brielle está comprando lana para tejer una pañoleta. Necesita saber el área de la pañoleta que tejerá para escoger el paquete correcto de lana. ¿Cuál es el área de una pañoleta de 4 pies de largo y $\frac{1}{2}$ pie de ancho?

4 pies

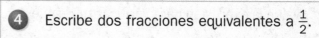 $\frac{1}{2}$ pie

Área = _____ pies cuadrados

LCE
186, 225

División de cocientes parciales

Haz una estimación en los Problemas 1 a 4. Luego, usa la división de cocientes parciales para resolver. Muestra tu trabajo en la cuadrícula de cómputo.

LCE
84,
108-112

1 234 / 11 → ?

Estimación: _____

Respuesta: _____

2 825 / 15 → ?

Estimación: _____

Respuesta: _____

3 3,518 / 30 → ?

Estimación: _____

Respuesta: _____

4 6,048 / 54 → ?

Estimación: _____

Respuesta: _____

Inténtalo

5 Completa el modelo de área de la derecha para mostrar tu solución al Problema 2.

Pista: Piensa en el Problema 2 como:
Si el área de una habitación mide 825 pies cuadrados y su longitud es de 15 pies, ¿cuán ancha es la habitación?

Área (Dividendo): _____

Longitud (Divisor): _____

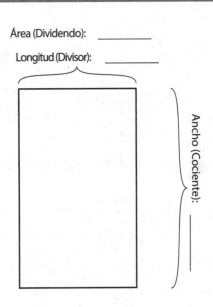

Ancho (Cociente): _____

Cajas matemáticas

1 Resuelve.

a. 45 / 9 = _____

b. 450 / 9 = _____

c. 4,500 / 9 = _____

d. 32 / 8 = _____

e. 320 / 8 = _____

f. 3,200 / 8 = _____

LCE
106

2 Halla el volumen del prisma.
Usa la fórmula: $V = B \times h$.

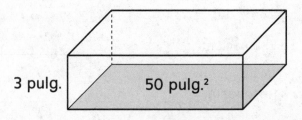

3 pulg.   50 pulg.²

$V =$ _____ $\times$ _____ = _____ pulg.³

LCE
233

3 ¿Verdadero o falso?

En el número 23,916:

a. el dígito 3 vale 3,000.

○ verdadero   ○ falso

b. el dígito 9 vale 90.

○ verdadero   ○ falso

c. el dígito 2 vale 20,000.

○ verdadero   ○ falso

d. el dígito 1 vale 100.

○ verdadero   ○ falso

LCE
66-67

4 Completa los dígitos que faltan.

a.

```
          4  ☐
       2  8  2
    ×        6
  ─────────────
    ☐ , 6  ☐  2
```

b.

```
       ☐     3
    3  8  6
  ×        5
  ─────────────
  1 , ☐  3  ☐
```

LCE
102

5 **Escritura/Razonamiento** Explica cómo resolviste el Problema 1e.

_____

_____

_____

LCE
106

Cocientes parciales con múltiplos

Haz una estimación en los Problemas 1 a 4. Luego, usa la división de cocientes parciales para resolver. Muestra tu trabajo. Como ayuda, puedes hacer listas de múltiplos en la página TA10 de los *Originales para reproducción*.

1 1,647 / 28 → ?

Estimación: _____

Respuesta: _____

2 4,319 / 42 → ?

Estimación: _____

Respuesta: _____

3 2,628 / 36 → ?

Estimación: _____

Respuesta: _____

4 9,236 / 41 → ?

Estimación: _____

Respuesta: _____

Inténtalo

5 Paul dibujó el modelo de área de la derecha como solución al Problema 1. ¿Qué cocientes parciales usó para resolver el problema?

_____

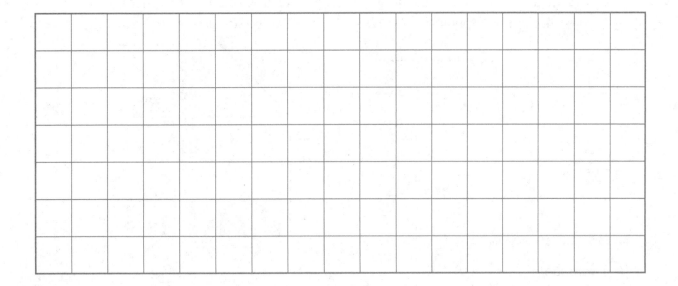

Área (Dividendo): 1,647

Longitud (Divisor): 28

Ancho (Cociente): alrededor de 58

1,400	50
140	5
56	2
28	1
23	

Cajas matemáticas

1 Yao compró 3 pies de cinta azul y 24 pulgadas de cinta roja. El pie de cinta cuesta $2.00.
¿Cuál es el costo total de la cinta?

_____

(modelo numérico)

Respuesta: _____ dólares

LCE
44, 216

2 Rellena el círculo que está junto a la mejor estimación para el siguiente problema.
Luego, resuelve.

Estimación:

$$\begin{array}{r} 2\ \ 1\ \ 7 \\ \times\ 1\ \ 9\ \ 8 \\ \hline \end{array}$$

(A) 40,000

(B) 4,000

(C) 20,000

(D) 400,000

LCE
83,
100-104

3 Escribe 72,658 en forma desarrollada y usa exponentes para escribir potencias de 10.

_____

_____

LCE
70

4 Halla el volumen del prisma.
Usa la fórmula $V = l \times a \times h$.

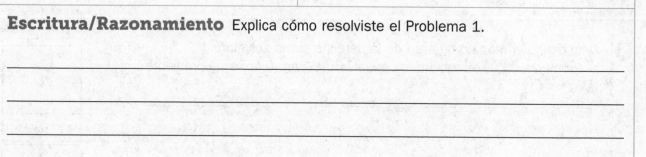

$V = $ ___ $\times$ ___ $\times$ ___ $=$ _____ unidades^3

LCE
231-233

5 **Escritura/Razonamiento** Explica cómo resolviste el Problema 1.

_____

_____

_____

_____

LCE
44, 216

Cajas matemáticas

1 Resuelve.

a. 42 / 6 = _____

b. 420 / 6 = _____

c. 4,200 / 60 = _____

d. 81 / 9 = _____

e. 81,000 / 90 = _____

LCE
106

2 Halla el volumen del prisma.
Usa la fórmula $V = B \times h$.

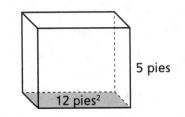

5 pies

12 pies²

$V =$ _____ $\times$ _____ $=$ _____ pies³

LCE
233

3 Escribe el valor del **dígito en negrita** de cada número.

a. 3**9**0 _____

b. **8**,092 _____

c. 35,**0**47 _____

d. 2**3**2,591 _____

e. **4**97,214 _____

LCE
66-67

4 Completa los dígitos que faltan.

a.

```
        □   □
    4   5   3
  ×         4
 ─────────────
 1, □   □   2
```

b.

```
        □
  3   2   7
×         3
─────────────
9   □   □
```

LCE
102

5 **Escritura/Razonamiento** ¿Cómo cambiaría el valor de los dígitos en negrita del Problema 3 si se movieran un lugar hacia la derecha?

_____

_____

_____

LCE
66-67

Cajas matemáticas

Interpretar los residuos

En cada problema:

- Crea un modelo matemático.
- Resuelve el problema. Muestra tu trabajo.
- Di qué representa el residuo.
- Decide qué hacer con el residuo. Explica qué hiciste.

LCE
12-14, 113

1 Las pelotas de básquetbol están en oferta a $12, incluidos los impuestos. ¿Cuántas pelotas puede comprar el maestro de Educación física con $40?

Modelo matemático:

Cociente: _____ Residuo: _____

¿Qué representa el residuo?

_____

_____

Respuesta: El maestro de Educación física

puede comprar _____ pelotas de básquetbol.

Encierra en un círculo lo que hiciste con el residuo.

Lo ignoré

Redondeé el cociente hacia arriba

¿Por qué?

_____

_____

_____

2 Estás organizando un viaje a un museo para 110 estudiantes, maestros y padres. Si en cada autobús pueden ir 25 personas, ¿cuántos autobuses necesitas?

Modelo matemático:

Cociente: _____ Residuo: _____

¿Qué representa el residuo?

_____

_____

Respuesta: Necesito _____ autobuses.

Encierra en un círculo lo que hiciste con el residuo.

Lo ignoré

Redondeé el cociente hacia arriba

¿Por qué?

_____

_____

_____

Interpretar los residuos
(continuación)

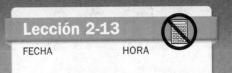

3 La señora Maxwell tiene 60 bolígrafos para repartir entre sus estudiantes. En su clase hay 27 estudiantes. ¿Cuántos bolígrafos recibirá cada estudiante si todos reciben la misma cantidad?

Modelo matemático:

Cociente: _____ Residuo: _____

¿Qué representa el residuo?

_____

_____

Respuesta: Cada estudiante recibirá

_____ bolígrafos.

Encierra en un círculo lo que hiciste con el residuo.

   Lo ignoré

   Redondeé el cociente hacia arriba

¿Por qué?

_____

_____

_____

4 Escoge uno de tus modelos matemáticos. Explica cómo te ayudó a resolver el problema.

_____

_____

_____

_____

_____

_____

_____

_____

Cajas matemáticas

1 Une las letras a las fracciones que representan sobre la recta numérica.

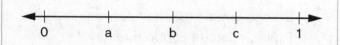

0   a   b   c   1

$\frac{1}{2} =$ _____

$\frac{1}{4} =$ _____

$\frac{3}{4} =$ _____

LCE
153, 158, 161

2 Ben tiene 3 latas de comida para alimentar a su gato durante 5 días. Escribe una expresión que muestre qué cantidad de la lata debe darle Ben a su gato cada día.

_____

LCE
38, 44, 163-164

3 Katie y Jonah están compartiendo una bolsa de pretzels. Katie tenía $\frac{1}{2}$ de los pretzels. Jonah tenía $\frac{1}{3}$ de los pretzels. ¿Quién tenía más pretzels?

_____

LCE
174-175

4 Escribe dos fracciones equivalentes a $\frac{1}{3}$.

_____   _____

Escribe dos fracciones equivalentes a $\frac{2}{3}$.

_____   _____

LCE
165-166, 168, 170

5 Resuelve.

a. $\frac{1}{7} + \frac{1}{7} + \frac{1}{7} =$ _____

b. $\frac{1}{12} +$ _____ $= \frac{6}{12}$

c. $\frac{3}{6} + \frac{1}{6} +$ _____ $= \frac{5}{6}$

d. _____ $+ \frac{2}{9} = \frac{5}{9}$

e. $\frac{1}{4} + \frac{1}{4} + \frac{1}{4} =$ _____

LCE
186

6 Ricardo quiere cubrir un estante con un revestimiento. El estante mide 4 pies de ancho y $\frac{2}{3}$ de pie de profundidad. ¿Cuál es su área?

Área = _____ pies cuadrados

LCE
12-14, 186, 225

Resolver historias de partes iguales

Usa piezas de círculos de fracciones o un dibujo para representar cada historia de números. Luego, resuelve.

LCE
163-164

1   Mary y sus dos amigas trabajaban en un proyecto   Modelos:
de ciencias. Como refrigerio, se repartieron una
pizza en partes iguales. ¿Qué cantidad de pizza
recibió cada una?

Solución: _____

2   José está cuidando el gato de un vecino.
El vecino se fue por 5 días y dejó 3 latas de
comida para el gato. Este debe comer la misma
cantidad todos los días. ¿Cuánta comida debe
darle José al gato cada día?

Solución: _____

3   Una escuela recibió un envío de 4 cajas de papel.
La escuela quiere dividir el papel en cantidades
iguales entre sus 3 impresoras. ¿Cuánto papel
debe ir a cada impresora?

Solución: _____

4   Adrian llevó 2 panes con aceitunas a la
escuela para una celebración de la clase.
Había 12 personas que querían probarlo.
Decidieron repartir los panes en partes iguales.
¿Qué cantidad de pan recibió cada persona?

Solución: _____

Multiplicación y división

Haz una estimación en los Problemas 1 a 3. Luego, resuelve usando la multiplicación usual de EE. UU. Usa tus estimaciones para verificar si tus respuestas tienen sentido.

1 _____
(estimación)

2 _____
(estimación)

3 _____
(estimación)

```
    2 8
  * 5 7
```

```
    6 4 3
  *   8 1
```

```
    7 0 6
  * 1 4 5
```

Haz una estimación en los Problemas 4 y 5. Luego, resuelve usando la división de cocientes parciales. Usa tus estimaciones para verificar si tus respuestas tienen sentido.

4 _____
(estimación)

5 _____
(estimación)

6 Completa el modelo de área para representar tu solución al Problema 4.

$32\overline{)4,168}$

$56\overline{)7,211}$

Respuesta:

_____ R_____

Respuesta:

_____ R_____

Cajas matemáticas

1 Agrega símbolos de agrupación para hacer oraciones numéricas verdaderas.

a. 19 + 41 * 3 = 180

b. 5 = 16 / 2 + 2 − 5

c. 24 ÷ 8 + 4 * 3 = 6

d. 24 ÷ 8 + 4 * 3 = 15

e. 1 = 16 / 2 + 2 − 3

LCE 42-43

2 Completa las siguientes equivalencias.

a. 1 pinta = _____ tazas

b. 6 cuartos = _____ pintas

c. 1 cuarto = _____ tazas

d. 3 galones = _____ cuartos

e. 1 galón = _____ tazas

LCE 215-217, 328

3 Escribe en notación estándar o en forma desarrollada.

a. $82,913 =$ _____

_____

b. $2 \times 100,000 + 6 \times 10,000 + 1 \times 1,000 + 9 \times 100 + 4 \times 10 + 5 \times 1 =$ _____

c. $5 \times 10^3 + 2 \times 10^2 + 0 \times 10^1 + 7 \times 10^0 =$ _____

LCE 70

4 ¿Cuál es el volumen del prisma?

Volumen = _____ unidades cúbicas

LCE 231-233

5 Resuelve mentalmente descomponiendo el dividendo en partes más pequeñas y más fáciles de dividir. Escribe el nombre equivalente que usaste.

$96 \div 3 \rightarrow$ _____

Nombre equivalente para 96:

_____

LCE 107

6 Resuelve. Usa una estimación para verificar si tu respuesta tiene sentido.

$$\begin{array}{r} 7\ 2\ 8 \\ \times\ 1\ 2 \\ \hline \end{array}$$

_____ (estimación)

LCE 83, 100-104

Escribir historias de división

Anota las fracciones que se te asignan. Para cada una, escribe una oración numérica de división con la fracción como cociente. Luego, escribe una historia de números que corresponda a la oración numérica.

1 Fracción: _____

Oración numérica de división: _____

Historia de números: _____

_____

_____

_____

2 Fracción: _____

Oración numérica de división: _____

Historia de números: _____

_____

_____

_____

3 Fracción: _____

Oración numérica de división: _____

Historia de números: _____

_____

_____

_____

Más práctica con partes iguales

Resuelve cada historia de números. Puedes usar piezas de círculos de fracciones o dibujos como ayuda. Escribe un modelo numérico para mostrar cómo resolviste cada problema.

LCE
163-164

1 Davita compró 6 barras de granola para compartir, como merienda, con 7 amigas de su grupo en el campo. Si se las reparten en partes iguales, ¿qué fracción de una barra de granola recibirá cada amiga?

Solución: _____ de una barra de granola

Modelo numérico: _____

2 Lucas está haciendo 12 pastelitos enormes para vender en la venta de pasteles de su clase. Tiene 2 recipientes llenos de masa. ¿Qué fracción de un recipiente de masa debe poner Lucas en cada molde de pastelito?

Solución: _____ de recipiente

Modelo numérico: _____

3 La señora Cox está combinando botellas de alcohol en gel. Tiene 11 botellas pequeñas que quiere repartir en partes iguales en 3 recipientes grandes. ¿Cuántas botellas debe vaciar en cada recipiente grande?

Solución: _____ de botellas pequeñas

Modelo numérico: _____

4 Escribe una historia de división cuya respuesta sea $\frac{12}{8}$.

_____

_____

_____

_____

Modelo numérico: _____

Cajas matemáticas

1 Resuelve.

    a. $4 \times 100 =$ _____

    b. $4 \times 10^2 =$ _____

    c. $6 \times 10^3 =$ _____

    d. $6 \times 1,000 =$ _____

LCE
95-96

2 Resuelve.

$25\overline{)578}$

$578 \div 25 \rightarrow$ _____

LCE
108-110

3 Halla el área de una mesa que mide $3\frac{1}{3}$ pies por 2 pies.

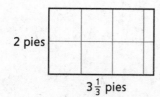

2 pies

$3\frac{1}{3}$ pies

Área = _____ pies cuadrados

_____

(modelo numérico)

LCE
224-225

4 Kayin compra 6 sobres a 35 centavos cada uno, y 6 estampillas a 48 centavos cada una. ¿Qué expresión representa cuánto dinero gasta Kayin?

Rellena el círculo que está junto a la mejor respuesta.

  ◯ **A.** $(6 + 6) * (35 + 48)$

  ◯ **B.** $(6 * 6) + (35 + 48)$

  ◯ **C.** $(6 * 35) + (6 * 48)$

LCE
42, 44

5 **Escritura/Razonamiento** Describe un patrón que observaste en el Problema 1.

_____

_____

_____

LCE
95-96

Historias de división con residuos

Para cada historia de números:

- Escribe un modelo numérico con una letra para la incógnita.
- Resuelve. Muestra tu trabajo en el espacio disponible. Haz un dibujo como ayuda.
- Decide qué hacer con el residuo. Explica qué hiciste y por qué.

LCE
44,
113-114

1 Rebecca y sus dos hermanas hicieron panqueques para el desayuno. Hicieron 16 panqueques para 5 personas. Quieren asegurarse de que cada persona reciba la misma porción. ¿Cuántos panqueques recibirá cada persona?

Modelo numérico: _____

Cociente: _____ Residuo: _____

Respuesta: Cada persona recibirá _____ panqueques.

Encierra en un círculo lo que hiciste con el residuo.

Lo ignoré

Lo presenté como fracción

Redondeé el cociente hacia arriba

¿Por qué? _____

_____

_____

2 El equipo de fútbol de Louis está yendo en autobús a un torneo. Tienen 32 botellas de agua reutilizables. En cada uno de sus transportadores de agua caben 6 botellas. ¿Cuántos transportadores necesitará el equipo de Louis para llevar todas sus botellas en el autobús?

Modelo numérico: _____

Cociente: _____ Residuo: _____

Respuesta: El equipo de Louis necesita

_____ transportadores.

Encierra en un círculo lo que hiciste con el residuo.

Lo ignoré

Lo presenté como fracción

Redondeé el cociente hacia arriba

¿Por qué? _____

_____

_____

3 Mariana ahorró $80 gracias a su trabajo como niñera. Quiere comprar algunas camisas y pantalones que están en oferta en su tienda preferida, a $17 cada uno. ¿Cuántos artículos de vestir puede comprar?

Modelo numérico: _____

Cociente: _____ Residuo: _____

Respuesta: Mariana puede comprar

_____ artículos.

Encierra en un círculo lo que hiciste con el residuo.

Lo ignoré

Lo presenté como fracción

Redondeé el cociente hacia arriba

¿Por qué? _____

_____

_____

4 Jeremy quiere leer 100 libros más antes de finalizar el año escolar. Hay 36 semanas de clases. ¿Cuántos libros necesita leer Jeremy por semana?

LCE
44, 109,
113-114

Modelo numérico: _____

Cociente: _____ Residuo: _____

Respuesta: Jeremy necesita leer

_____ libros por semana.

Encierra en un círculo lo que hiciste con el residuo.

Lo ignoré

Lo presenté como fracción

Redondeé el cociente hacia arriba

¿Por qué? _____

_____

_____

Cajas matemáticas

1 Agrega símbolos de agrupamiento para hacer oraciones numéricas verdaderas.

a. 4 * 8 − 5 = 12

b. 2 + 7 * 7 = 51

c. 91 / 4 − 3 = 91

d. 20 * 2 + 1 + 3 / 9 = 7

e. 60 + 12 / 30 + 6 = 2

LCE
42-43

2 Completa las siguientes equivalencias.

a. 1 taza = _____ onzas

b. 1 pinta = _____ onzas

c. 1 cuarto = _____ onzas

d. 4 cuartos = _____ onzas

e. 1 galón = _____ onzas

LCE
215-217, 328

3 ¿Qué opción muestra 672,891 en forma desarrollada? Rellena el círculo que está junto a la mejor respuesta.

(A) $6 \times 10{,}000 + 7 \times 1{,}000 + 2 \times 100 + 8 \times 10 + 9 \times 1 + 1 \times 0$

(B) $6 \,[100{,}000] + 7 \,[1{,}000] + 2 \,[100] + 8 \,[10] + 9 \,[1] + 1$

(C) $6 \times 10^5 + 7 \times 10^4 + 2 \times 10^3 + 8 \times 10^2 + 9 \times 10^1 + 1 \times 10^0$

(D) $670{,}000 + 2{,}800 + 90 + 1$

LCE
70

4 ¿Cuál es el volumen del prisma?

Volumen = _____ unidades^3

LCE
231-233

5 Resuelve mentalmente descomponiendo el dividendo en partes más pequeñas y más fáciles de dividir. Escribe el nombre equivalente que usaste.

$840 \div 20 \rightarrow$ _____

Nombre equivalente para 840:

_____

LCE
107

6 Resuelve. Usa una estimación para verificar tu respuesta.

$$\begin{array}{r} 1{,}\;1\;\;1\;\;3 \\ \times \quad\quad\; 3\;\;7 \\ \hline \end{array}$$

_____
(estimación)

LCE
83, 100-104

Fracciones en una recta numérica

1 Usa la siguiente recta numérica para el mensaje matemático.

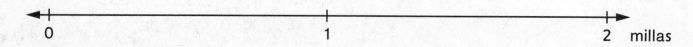

0   1   2 millas

2 Gary corrió $1\frac{2}{3}$ millas y Lena corrió $\frac{7}{6}$ de milla. ¿Quién corrió más? Usa las siguientes rectas numéricas como ayuda para responder.

a. Divide esta recta numérica para mostrar tercios. Rotula cada marca. Luego, marca un punto en $1\frac{2}{3}$.

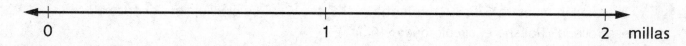

0   1   2 millas

b. Divide esta recta numérica para mostrar sextos. Rotula cada marca. Marca un punto en $\frac{7}{6}$.

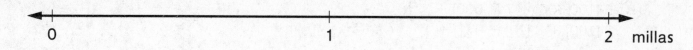

0   1   2 millas

c. ¿Quién corrió más? _____

3 ¿Qué número es mayor? Encierra en un círculo el número más grande de cada par. Usa el cartel de rectas numéricas de fracciones o piezas de círculos de fracciones como ayuda.

a. $\frac{5}{8}$ o $\frac{9}{10}$ **b.** $\frac{5}{3}$ o $1\frac{5}{6}$ **c.** $2\frac{1}{4}$ o $\frac{20}{12}$ **d.** $\frac{9}{6}$ o $\frac{13}{12}$

4 Rachel y Dan están sembrando plantas en la clase de ciencias. Rachel informa que su planta mide $1\frac{1}{4}$ pulgadas de alto. Dan dice que su planta mide $\frac{5}{2}$ de pulgadas de alto.

a. ¿Qué planta es más alta? _____

b. ¿Cómo lo sabes? _____

_____

_____

Vuelve a nombrar cada fracción como número mixto o cada número mixto como fracción mayor que 1 en los Problemas 5 a 10. Usa el cartel de rectas numéricas de fracciones, piezas de círculos de fracciones o la división.

5 $\frac{5}{3} =$ _____

6 $1\frac{7}{9} =$ _____

7 $\frac{11}{8} =$ _____

8 $1\frac{5}{6} =$ _____

9 $\frac{16}{5} =$ _____

10 $2\frac{1}{3} =$ _____

Inténtalo

11 **a.** Vuelve a nombrar $\frac{34}{8}$ como número mixto. _____

b. Explica tu razonamiento.

_____

_____

_____

Cajas matemáticas

1 Resuelve.

a. $3 * 10^1 =$ _____

b. $3 * 10^2 =$ _____

c. $3 * 10^3 =$ _____

d. $3 * 10^4 =$ _____

Escribe una oración numérica que siga el patrón de arriba.

_____ * _____ = _____

LCE
95-96

2 Resuelve.

$$32\overline{)6{,}572}$$

$6{,}572 \div 32 \rightarrow$ _____

LCE
108-110

3 ¿Cuál es el área de un huerto que mide $6\frac{1}{2}$ pies por 4 pies?

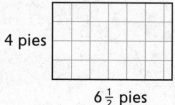

4 pies

$6\frac{1}{2}$ pies

Área = _____ pies cuadrados

_____
(modelo numérico)

LCE
224-225

4 Jamar compró ocho paquetes de 6 envases de jugo para su familia.
Su abuela compró 3 paquetes de 6 más.
Escribe una expresión que represente cuántos envases de jugo compraron.

_____

LCE
44

5 **Escritura/Razonamiento** Ari hizo un dibujo para resolver el Problema 2. Usa el dibujo de Ari para explicar cómo piensas que resolvió el problema.

Área: 6,572

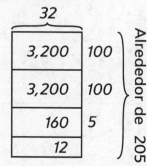

32

3,200	100
3,200	100
160	5
12	

Alrededor de 205

LCE
8-9,
111-112

Supera la división

Harjit está jugando a una versión de *Supera la división* con un amigo.

En esta versión, cada jugador da vuelta 3 tarjetas de números y las coloca como los dígitos del siguiente problema de división. El jugador con el cociente más grande gana la ronda.

Harjit da vuelta un 6, un 3 y un 9. ¿Cómo piensas que debe colocar sus tarjetas para obtener el mayor cociente posible? Explica tu razonamiento.

Cajas matemáticas

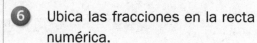

Cajas matemáticas

---

1 ¿Qué historias de números tienen como respuesta $\frac{3}{4}$? Encierra en un círculo TODAS las que correspondan.

A. Cuatro perros compartieron 3 galletas. ¿Cuántas galletas recibió cada perro?

B. Tres amigos compartieron 4 naranjas. ¿Cuántas naranjas recibió cada amigo?

C. Cada uno de los cuatro perros comió 3 galletas. ¿Cuántas galletas comieron?

D. Cuatro amigos compartieron 3 naranjas. ¿Cuántas naranjas comió cada amigo?

LCE 163-164

---

2 Haz una estimación y escribe los dígitos que faltan.

_____
(estimación)

$$
\begin{array}{r}
\square \\
\square \\
9\ 7 \\
\times \quad 7\ 6 \\
\hline
\square \\
5\ \square\ 2 \\
+\ \square\ 7\ \square\ 0 \\
\hline
\square,\ \square\ 7\ \square
\end{array}
$$

LCE 83, 103

---

3 Completa la tabla.

Notación exponencial	Notación estándar
10^0	
10^1	
	100
	100,000
	10,000,000

LCE 68

---

4 Resuelve.

a. $63 / 9 =$ _____

b. $630 / 9 =$ _____

c. $630 / 90 =$ _____

d. $6,300 / 900 =$ _____

e. $63,000 / 9 =$ _____

LCE 106

---

5 Halla el volumen de una caja con un área de base de 24 pulgs.^{2} y una altura de 12 pulgs. Usa la fórmula $V = B \times h$.

Volumen = _____ × _____

Volumen = _____ pulg.^{3}

LCE 233

---

6 Ubica las fracciones en la recta numérica.

$$\frac{1}{2} \qquad \frac{3}{4} \qquad \frac{1}{4}$$

LCE 158, 161

Cristopher resolvió algunos problemas de fracciones. ¿Tienen sentido sus respuestas?
Encierra en un círculo Sí o No. Luego, escribe un argumento para mostrar cómo lo sabes.

LCE
10-11,
181-185

Nombre __Christopher__

Resuelve.

1 $\frac{2}{7} + \frac{1}{2} = \frac{3}{9}$

Conjetura: ¿Tiene sentido la respuesta 1? **Sí   No**

Argumento: _____

_____

_____

2 Escribe >, < o =.

$\frac{9}{10} \underline{\quad > \quad} \frac{7}{8}$

Conjetura: ¿Tiene sentido la respuesta 2? **Sí   No**

Argumento: _____

_____

_____

3 $\frac{7}{12} + \frac{1}{4} = \frac{8}{12}$

Conjetura: ¿Tiene sentido la respuesta 3? **Sí   No**

Argumento: _____

_____

_____

4 $\frac{8}{9} + \frac{1}{3} = \frac{8}{12}$

Conjetura: ¿Tiene sentido la respuesta 4? **Sí   No**

Argumento: _____

_____

_____

Interpretar los residuos en las historias de números

Escribe un modelo numérico con una letra para la incógnita en cada historia de números. Luego, resuelve. Muestra tu trabajo en el espacio disponible. Haz un dibujo como ayuda. Decide qué hacer con el residuo y explica qué hiciste.

LCE
44, 108,
113-114

1 Un cocinero tiene 250 onzas de queso para 80 pizzas individuales. Cada pizza lleva la misma cantidad de queso. ¿Cuánto queso debe poner el cocinero en cada pizza?

Modelo numérico:_____

Cociente: _____ Residuo: _____

Respuesta: El cocinero debería poner _____ onzas de queso en cada pizza.

Encierra en un círculo lo que hiciste con el residuo.

Lo ignoré   Lo presenté como fracción   Redondeé el cociente hacia arriba

¿Por qué? _____

_____

_____

2 35 personas asistirán a una noche de juegos. En cada mesa entran 4 personas. ¿Cuántas mesas se necesitan?

Modelo numérico: _____

Cociente: _____ Residuo: _____

Respuesta: Se necesitan _____ mesas.

Encierra en un círculo lo que hiciste con el residuo.

Lo ignoré   Lo presenté como fracción   Redondeé el cociente hacia arriba

¿Por qué? _____

_____

_____

Cajas matemáticas

Cajas matemáticas

1 Liz compró cuatro paquetes de 2 cuartos de fresas. ¿Cuántos galones de fresas compró?

_____
(modelo numérico)

Respuesta: _____ galones

LCE
44, 214-217, 328

2 Liliana está guardando 135 gorros de invierno en cajas para hacer una donación. En una caja entran 32 gorros. ¿Cuántas cajas necesita?

_____
(modelo numérico)

Cociente: _____ Residuo: _____

Respuesta: Necesita _____ cajas.

LCE
44, 109, 113

3 Cuatro amigos se repartieron 6 tazas de sopa en partes iguales. ¿Cuánta sopa recibió cada amigo? Encierra en un círculo TODAS las que corresponden.

A. $\frac{6}{4}$ tazas

B. $1\frac{2}{4}$ tazas

C. $1\frac{1}{2}$ tazas

D. $\frac{4}{6}$ taza

LCE
163-164, 170-171

4 Completa.

a. Escribe un número en el que un 5 valga 500. _____

Escribe un número en el que el 5 valga 10 veces lo que vale en el anterior. _____

b. Escribe un número en el que el 7 valga 70,000. _____

Escribe un número en el que el 7 valga $\frac{1}{10}$ de lo que vale en el anterior.

_____

LCE
66-67

5 **Escritura/Razonamiento** ¿Qué decidiste hacer con el residuo del Problema 2?

¿Por qué? _____

_____

_____

LCE
113

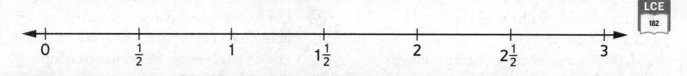

0	$\frac{1}{2}$	1	$1\frac{1}{2}$	2	$2\frac{1}{2}$	3

LCE
182

Estima la suma o diferencia para cada historia de fracciones. Pon una X sobre la recta numérica para representar tu estimación. Luego, encierra en un círculo la mejor respuesta.

1 Micah compró $1\frac{1}{3}$ libras de uvas y $1\frac{1}{2}$ libras de bananas. ¿Alrededor de cuántas libras de fruta compró Micah?

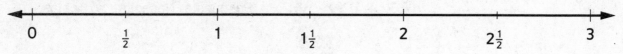

0	$\frac{1}{2}$	1	$1\frac{1}{2}$	2	$2\frac{1}{2}$	3

¿Cuánta fruta compró?

alrededor de 2 libras   alrededor de $2\frac{1}{2}$ libras   alrededor de 3 libras

Explica tu razonamiento.

_____

_____

2 Chloe tiene $2\frac{1}{2}$ yardas de tela. Usará alrededor de $\frac{3}{8}$ de yarda para hacer una pañoleta. ¿Cuántas yardas de tela le quedarán?

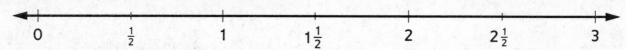

0	$\frac{1}{2}$	1	$1\frac{1}{2}$	2	$2\frac{1}{2}$	3

¿Cuántas yardas quedan?

alrededor de $1\frac{1}{2}$ yarda   alrededor de 2 yardas   alrededor de 3 yardas

Explica tu razonamiento.

_____

_____

Inténtalo

3 El perímetro de un triángulo es de 10 pulgadas. Un lado mide $3\frac{9}{16}$ pulgadas de largo y el otro lado mide $4\frac{5}{8}$ pulgadas de largo. ¿Alrededor de cuántas pulgadas de largo mide el tercer lado? Explica cómo lo estimaste.

_____

_____

_____

Cajas matemáticas

1 Escribe una historia de división con $\frac{3}{5}$ como respuesta.

_____

_____

_____

_____

LCE 163-164

2 Haz una estimación. Escribe los dígitos que faltan.

Estimación: _____

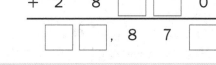

LCE 83, 103

3 Vuelve a escribir cada número en notación estándar o exponencial.

a. $10^3 =$ _____

b. $10,000 =$ _____

c. $10^5 =$ _____

d. $1,000,000 =$ _____

e. $10^8 =$ _____

LCE 68

4 Resuelve.

¿Cuántos 8 hay en 72? _____

¿Cuántos 800 hay en 72,000? _____

¿Cuántos 5 hay en 450,000? _____

¿Cuántos 3,000 hay en 270,000? _____

¿Cuántos 90 hay en 63,000? _____

LCE 106

5 Halla el volumen de un contenedor de embarque de 20 pies de largo, 8 pies de ancho y 8 pies de alto. Usa la fórmula $V = l \times a \times h$.

$V =$ _____ $\times$ _____ $\times$ _____

Volumen = _____ $pies^3$

LCE 233

6 Coloca las fracciones en la recta numérica.

$\frac{1}{3}$ $\frac{2}{3}$ $\frac{4}{3}$ $\frac{5}{3}$

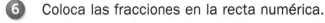

LCE 158-161

Cajas matemáticas

Volver a nombrar fracciones y números mixtos

Resuelve siguiendo los pasos. Usa círculos de fracciones, rectas numéricas o dibujos como ayuda.

1 Halla otro nombre para $2\frac{3}{4}$.

- Muestra $2\frac{3}{4}$.

- Descompón 1 entero en $\frac{4}{4}$.

Nombre: _____

2 Halla otro nombre para $\frac{14}{3}$.

- Muestra $\frac{14}{3}$.

- Haz tantos grupos de 3 tercios como puedas.

- Cambia cada $\frac{3}{3}$ por 1 entero.

Nombre: _____

Escribe otro nombre para cada número mixto que tenga el mismo denominador. Verifica que tus cambios sean correctos y anótalos.

Ejemplo: $3\frac{8}{6}$

Nombre: _____ $2\frac{14}{6}$ _____

Cambio: _____ *1 entero por* $\frac{6}{6}$ _____

3 $2\frac{4}{5}$

Nombre: _____

Cambio: _____

4 $1\frac{12}{10}$

Nombre: _____

Cambio: _____

Escribe el número entero o numerador que falta.

5 $1\frac{4}{3} = 2\frac{\boxed{}}{3}$

6 $\frac{\boxed{}}{5} = 4\frac{2}{5}$

7 $2\frac{9}{2} = 4\frac{\boxed{}}{2}$

8
a. El mono Mojo tiene 2 bananas enteras y 5 medias bananas. Escribe un número mixto para mostrar cuántas bananas tiene Mojo. _____ bananas

b. El mono Manny tiene 4 bananas enteras y 1 media banana. ¿Tienen Mojo y Manny la misma cantidad de bananas? Explica cómo lo sabes.

_____

_____

c. El mono Marcus tiene la misma cantidad de bananas que Mojo. Solo tiene medias bananas. ¿Cuántas medias bananas tiene? Explica tu respuesta.

_____

Conectar las fracciones y la división

Escribe una expresión de división para representar cada historia, luego resuelve.
Usa círculos de fracciones o haz dibujos como ayuda.

LCE
27-29,
163-164

1 Olivia está corriendo una carrera de relevos de 3 millas con 3 amigas.
Si las 4 corren la misma distancia, ¿cuántas millas corre cada una?

Modelo numérico de división: _____

Respuesta fraccional: _____

2 Chris tiene 3 pintas de arándanos azules para una ensalada de frutas. Si divide los arándanos azules en cantidades iguales en 8 tazones, ¿cuántas pintas de arándanos azules habrá en cada tazón?

Modelo numérico de división: _____

Respuesta fraccional: _____

3 Cuatro estudiantes se repartieron 9 paquetes de lápices en cantidades iguales. ¿Cuántos paquetes de lápices recibió cada estudiante?

Modelo numérico de división: _____

Respuesta fraccional: _____

Usa tus respuestas a los Problemas 1 a 3 para responder las siguientes preguntas.

4 Compara los números de cada modelo numérico de división con tu respuesta fraccional.
¿Qué observas?

_____

_____

_____

5 Escribe una regla para hallar la respuesta fraccional a un problema de división usando el dividendo y el divisor.

_____

_____

6 Escribe y resuelve tu propia historia de números con tu propia regla.

_____

_____

_____

Cajas matemáticas

1 Noelle compró dos envases de limonada de $\frac{1}{2}$ galón para su puesto de limonadas. ¿Cuántas onzas de limonada compró?

_____
(modelo numérico)

Respuesta: _____ onzas

LCE
214-217,
328

2 El consejo de estudiantes tiene $289 para gastar en decoraciones para el festival de otoño. Si las decoraciones de cada mesa cuestan $13, ¿cuántas mesas pueden decorar?

_____
(modelo numérico)

Cociente: _____ Residuo: _____

Respuesta: Pueden decorar _____ mesas.

LCE
44, 109,
113

3 Los maestros de quinto grado compraron 3 cajas de plastilina. Querían repartirla en cantidades iguales entre sus cuatro clases. ¿Cuánta plastilina recibe cada clase?

Modelo numérico de división:

_____

Respuesta: _____ cajas de plastilina

LCE
163-164

4 Mueve los dígitos de 625,134 para crear un nuevo número.

Mueve el 2 para que valga $\frac{1}{10}$ de su valor.

Mueve el 3 para que valga 10 veces su valor.

Mueve el 5 para que valga 50,000.

Mueve el 4 para que su valor cambie a $4 \times 100,000$.

Mueve el 1 y el 6 para que la suma de sus valores sea 16.

Escribe el nuevo número:

_____

LCE
66-67

5 **Escritura/Razonamiento** Haz un dibujo para mostrar cómo resolviste el Problema 3.

LCE
12-14,
163-164

Historias de suma y resta

Para cada historia:

- Escribe un modelo numérico con una letra para la incógnita.
- Haz una estimación.
- Resuelve. Usa piezas de círculos de fracciones, un dibujo o una recta numérica como ayuda.
- Usa tu estimación para verificar si tu respuesta tiene sentido.

1 Andrea tenía $1\frac{1}{5}$ litros de agua. Bebió $\frac{3}{5}$ de litro. ¿Cuánto le queda?

Modelo numérico: _____

Estimación: _____

Respuesta: _____ de litro

2 Una mesa mide $2\frac{8}{12}$ pies de alto, y una lámpara apoyada sobre ella mide $1\frac{5}{12}$ pies de alto. ¿Cuál es su altura total?

Modelo numérico: _____

Estimación: _____

Respuesta: _____ pies

3 Una cocinera tenía $2\frac{5}{8}$ de pan pita. Usó $1\frac{7}{8}$ de pan pita. ¿Cuánto pan pita le queda?

Modelo numérico: _____

Estimación: _____

Respuesta: _____ de pan pita

4 Niko anduvo en bicicleta $2\frac{3}{10}$ millas. Luego anduvo $2\frac{8}{10}$ millas más. ¿Cuánta distancia anduvo?

Modelo numérico: _____

Estimación:

Respuesta: _____ millas

5 Explica cómo resolviste el Problema 3.

_____

_____

_____

93

Cajas matemáticas

① Allison estaba haciendo panqueques. Necesitaba $\frac{1}{4}$ de taza de aceite vegetal y $\frac{3}{4}$ de taza de leche. ¿Cuántas tazas de líquido necesitaba?

_____
(modelo numérico)

Respuesta: _____ taza de líquido.

LCE 178-180, 186

② Resuelve.

a.   2 2 5
    ×   2

b.   2 2 5
    ×   4

LCE 100, 102, 104

③ Resuelve.

a. $(4 * 12) + 8 =$ _____

b. _____ $= (32 / 16) / 2$

c. $(65 + 83) / (3 - 1) =$ _____

d. _____ $= 3 + \{32 / (16 / 2)\}$

LCE 42-43

④ Escribe fracciones que hagan que las oraciones numéricas sean verdaderas.

a. _____ $+$ _____ < 1

b. _____ $-$ _____ < 1

c. _____ $+$ _____ > 2

d. _____ $+$ _____ $< 1\frac{1}{2}$

LCE 181-184

⑤ **Escritura/Razonamiento** Morton dice que puede comparar los productos del Problema 2 sin multiplicar. Explica cómo.

_____

_____

_____

_____

LCE 46

94

Sumar fracciones con piezas de círculos

Haz una estimación. Luego, usa tus piezas de círculos de fracciones para hallar el resultado. Usa el círculo rojo como el entero. Recuerda usar piezas del mismo tamaño.

LCE 155, 189

Escribe una oración numérica para mostrar cómo usaste fracciones equivalentes para hallar el resultado.

Ejemplo: $\frac{1}{2} + \frac{1}{8} = ?$

Estimación: _____ *Entre $\frac{1}{2}$ y 1* _____

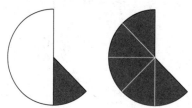

Muestra $\frac{1}{2} + \frac{1}{8}$ con piezas de fracciones.

Cubre la pieza de $\frac{1}{2}$ con cuatro piezas de $\frac{1}{8}$ para mostrar que $\frac{1}{2}$ es igual a $\frac{4}{8}$.

Suma: _____ $\frac{5}{8}$ _____

Oración numérica: _____ $\frac{4}{8} + \frac{1}{8} = \frac{5}{8}$ _____

1 $\frac{2}{3} + \frac{1}{6} = ?$

Estimación: _____

Resultado: _____

Oración numérica: _____

2 $\frac{2}{5} + \frac{3}{10} = ?$

Estimación: _____

Resultado: _____

Oración numérica: _____

3 $\frac{1}{3} + \frac{1}{12} = ?$

Estimación: _____

Resultado: _____

Oración numérica: _____

4 $\frac{2}{6} + \frac{1}{4} = ?$

Estimación: _____

Resultado: _____

Oración numérica: _____

5 $\frac{2}{3} + \frac{1}{4} = ?$

Estimación: _____

Resultado: _____

Oración numérica: _____

6 $\frac{1}{2} + \frac{1}{5} = ?$

Estimación: _____

Resultado: _____

Oración numérica: _____

Explicar los patrones de valor posicional

1 Resuelve.

   a. $45 * 10 =$ _____

   b. $45 * 10 * 10 =$ _____

   c. $45 * 10 * 10 * 10 =$ _____

   d. $45 * 10 * 10 * 10 * 10 =$ _____

2 Mira tus respuestas al Problema 1.

   a. ¿Qué patrón observas en la cantidad de ceros?

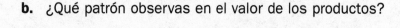

      _____

      _____

      _____

   b. ¿Qué patrón observas en el valor de los productos?

      _____

      _____

      _____

      _____

   c. ¿Piensas que los patrones serán verdaderos sin importar cuántos 10 haya en el problema? Usa lo que sabes sobre el valor posicional para explicar tu respuesta.

      _____

      _____

      _____

3 Resuelve.

a. $328 * 10^2 = $ _____

b. $328 * 10^5 = $ _____

c. $328 * 10^7 = $ _____

d. $328 * 10^4 = $ _____

e. $328 * 10^3 = $ _____

f. $328 * 10^1 = $ _____

4 Mira tus respuestas al Problema 3.

a. ¿Qué patrón observas en la cantidad de ceros?

_____

_____

_____

_____

b. Usa el patrón como ayuda para escribir una regla de multiplicación de un número entero por una potencia de 10.

_____

_____

_____

_____

c. Usa lo que sabes sobre el valor posicional para explicar por qué tu regla funcionará siempre.

_____

_____

_____

_____

Cajas matemáticas

1 Escribe cada número en notación estándar.

a. $(3 \times 1{,}000{,}000) + (4 \times 100{,}000) + (2 \times 10{,}000) + (1 \times 1{,}000) + (9 \times 100) + (8 \times 10) + (7 \times 1) =$

_____

b. _____ $= 8\,[10{,}000] + 2\,[1{,}000] + 4\,[100] + 5\,[10] + 6\,[1]$

c. $100{,}000 + 20{,}000 + 8{,}000 + 300 + 20 + 8 =$ _____

LCE
70

2 **a.** Redondea 42 a la decena más cercana.

_____

b. Redondea 382 a la centena más cercana.

_____

c. Redondea 8,461 al millar más cercano.

_____

d. Redondea 4.2 al entero más cercano.

_____

LCE
79-82,
126-127

3 Escribe las cantidades de dinero en notación de dólares y centavos.

un dólar con diez centavos

_____

tres dólares con cincuenta y dos centavos

_____

Encierra en un círculo la cantidad más grande.

$5.75 $5.57

LCE
121-123

LCE
275

4 Coloca los números 3, 6, 9, 2 y 4 en la recta numérica.

5 Escribe cada fracción en forma de decimal.

a. $\dfrac{4}{10}$ _____

b. $\dfrac{8}{10}$ _____

c. $\dfrac{52}{100}$ _____

d. $\dfrac{40}{100}$ _____

LCE
116

6 ¿Cuál es el valor del dígito en negritas?

a. $5.\mathbf{4}3$ _____

b. $\mathbf{6}.27$ _____

c. $\mathbf{8}2.76$ _____

d. $9.0\mathbf{2}$ _____

LCE
118-119

Volver a nombrar fracciones y números mixtos

Las fracciones mayores que 1 se pueden expresar en forma de números mixtos, como $2\frac{1}{3}$ y $1\frac{4}{3}$, y en forma de fracciones con un numerador más grande que el denominador, como $\frac{7}{3}$. Conoces varias maneras de volver a nombrar fracciones en forma de números mixtos y números mixtos en forma de fracciones.

Usa piezas de círculos de fracciones: Muestra el número original. Haz cambios entre enteros y piezas del mismo tamaño para volver a nombrarlas.

$$2\frac{1}{3} \qquad\qquad 1\frac{4}{3} \qquad\qquad \frac{7}{3}$$

Usa rectas numéricas: Usa nombres de fracciones para números enteros y cuenta hacia adelante. La recta numérica de la izquierda muestra que $2\frac{1}{3}$ está $\frac{4}{3}$ después de 1; por lo tanto, $2\frac{1}{3}$ es igual a $1\frac{4}{3}$. La recta numérica de la derecha muestra que 2 es igual a $\frac{6}{3}$, y $2\frac{1}{3}$ y $\frac{7}{3}$ están $\frac{1}{3}$ después de 2; por lo tanto, $2\frac{1}{3}$ es igual a $\frac{7}{3}$.

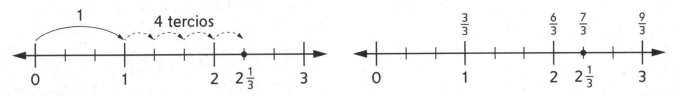

Piensa en formar o descomponer enteros:

- Para volver a nombrar $2\frac{1}{3}$ en forma de fracción, piensa: *¿Cuántos tercios hay en $2\frac{1}{3}$?* Hay 2 enteros. Puedo descomponer cada entero en 3 tercios. Dos grupos de 3 tercios es igual a 2 * 3 tercios = 6 tercios o $\frac{6}{3}$. Suma uno más para obtener $\frac{7}{3}$.
- Para volver a nombrar $\frac{7}{3}$ como un número mixto, piensa: *¿Cuántos grupos de 3 tercios hay en 7? ¿Qué sobra?* Hay 2 grupos de 3 tercios en 7, y sobra 1 tercio. $\frac{7}{3}$ es igual a $2\frac{1}{3}$

Vuelve a nombrar cada fracción en forma de número mixto en los Problemas 1 a 3. Forma tantos enteros como puedas.

① $\frac{9}{4} =$ _____

② $\frac{12}{5} =$ _____

③ $\frac{15}{8} =$ _____

Escribe al menos dos nombres más con el mismo denominador para cada número mixto en los Problemas 4 a 6.

④ $3\frac{4}{5} =$ _____

⑤ $2\frac{1}{6} =$ _____

⑥ $4\frac{1}{2} =$ _____

Escribe el número entero o numerador que falta en los Problemas 7 a 9.

⑦ $4\frac{2}{5} = \dfrac{\boxed{}}{5}$

⑧ $\dfrac{\boxed{}}{8} = \dfrac{18}{8}$

⑨ $2\frac{5}{3} = 3\dfrac{\boxed{}}{3}$

Cajas matemáticas

1 Haz una estimación y resuelve.

_____
(estimación)

$32\overline{)728}$

$728 \div 32 \rightarrow$ _____

2 Usa estrategias de estimación para determinar si las oraciones numéricas son verdaderas o falsas.

a. $\frac{3}{4} + \frac{1}{2} < 1$ ◯ Verdadera ◯ Falsa

b. $1 - \frac{3}{4} > \frac{1}{2}$ ◯ Verdadera ◯ Falsa

c. $\frac{2}{3} + \frac{1}{8} > \frac{1}{2}$ ◯ Verdadera ◯ Falsa

d. $\frac{3}{2} + \frac{2}{7} > 1\frac{1}{2}$ ◯ Verdadera ◯ Falsa

3 Resuelve. Usa piezas de círculos de fracciones como ayuda.

a. $\frac{1}{2} + \frac{1}{4} =$ _____

b. $\frac{1}{2} + \frac{2}{6} =$ _____

c. $\frac{4}{8} + \frac{1}{2} =$ _____

d. $\frac{2}{3} + \frac{1}{6} =$ _____

4 Sophia compró 3 linternas. Cada linterna costó 5 dólares. Las pilas para cada linterna costaron 2 dólares.
¿Qué expresión representa la situación?

Rellena el círculo que está junto a la mejor respuesta.

Ⓐ (3 * 5) + 2   Ⓑ (3 + 2) * 5

Ⓒ (5 + 2) / 3   Ⓓ (5 + 2) * 3

5 Un cocinero necesita saber cuál es el volumen de sus armarios. Usa el modelo de los armarios que se muestran para estimar su volumen total.

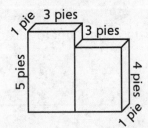

1 pie 3 pies
3 pies
5 pies
4 pies
1 pie

Volumen = _____ pies cúbicos

6 En la Escuela Lincoln hay 24 clases de 23 estudiantes. Escribe una expresión para representar la cantidad de estudiantes que van a la escuela.
Luego, evalúa la expresión para hallar la cantidad de estudiantes.

Expresión: _____

Respuesta: _____ estudiantes

Resolver historias de fracciones

Resuelve cada historia de números. Puedes usar piezas de círculos de fracciones, rectas numéricas, dibujos y otros instrumentos o modelos como ayuda. Muestra tu trabajo.

LCE
30,
178-181

---

1 Cuatro amigos compartieron 5 sándwiches después de su caminata. Si todos comieron la misma cantidad, ¿cuántos sándwiches comió cada uno?

Respuesta: _____

---

2 Josh combinó $\frac{1}{2}$ cartón de huevos con $\frac{1}{3}$ de cartón de huevos. Dijo: "Ahora tengo $\frac{2}{5}$ de cartón". ¿Tiene razón?

Respuesta: _____

¿Cómo lo sabes?

_____

_____

_____

_____

_____

---

3 Ryan vive a $3\frac{1}{4}$ millas de la escuela.

Kayla vive a $2\frac{3}{4}$ millas de la escuela. ¿Cuánto más lejos de la escuela vive Ryan que Kayla?

Respuesta: _____

---

4 Delilah estaba jugando a *Captura de fracciones*. Escribió sus iniciales en una sección de $\frac{1}{3}$ y una sección de $\frac{1}{6}$. ¿Cuánto suman las secciones que marcó con sus iniciales?

Respuesta: _____

5 Lauren tenía $\frac{3}{4}$ de galón de pintura. Le agregó $\frac{1}{8}$ de galón de otra lata. ¿Cuánta pintura tiene Lauren?

Respuesta: _____

6 Codyone está cortando tela para hacer una colcha. Tiene 4 pies de tela para hacer 12 retazos de colcha. Si usa toda la tela, ¿cuán largo debería ser cada retazo de colcha?

Respuesta: _____

7 Al comienzo, Alyssa tenía $\frac{7}{8}$ de un frasco de mermelada. Usó alrededor de $\frac{1}{16}$ de la mermelada para hacer un sándwich. Dijo: "No necesito incluir mermelada en la lista de compras. Todavía nos quedan alrededor de $\frac{3}{4}$ de frasco". ¿Tiene razón Alyssa?

Respuesta: _____

¿Cómo lo sabes?

_____

_____

_____

_____

_____

8 Tyrell y su madre fueron de compras. Compraron $1\frac{1}{6}$ libras de zanahorias y $2\frac{5}{6}$ libras de papas. Tyrell llevó las zanahorias y las papas en una bolsa. ¿Cuánto pesaba la bolsa?

Respuesta:

_____

_____

Practicar la división

Haz una estimación en los Problemas 1 y 2.
Luego, divide usando la división de cocientes parciales. Escribe tu residuo en forma de fracción.
Usa tu estimación para verificar si tus respuestas tienen sentido.

LCE
108-110,
113-114

1 5,926 / 48 = ?

Estimación: _____

Respuesta: _____

2 9,031 / 71 = ?

Estimación: _____

Respuesta: _____

Escribe un modelo numérico para la historia usando una letra para la incógnita en los
Problemas 3 y 4. Luego, resuelve la historia. Recuerda pensar lo que debes hacer con el residuo.

3 Una despensa recibió una donación de
248 latas de pollo. Quieren distribuirlas
en cantidades iguales a 9 comedores de
beneficencia de la ciudad. ¿Cuántas latas
de pollo recibirá cada comedor?

Modelo numérico: _____

Respuesta: _____

4 Calvin está cortando un rollo de papel en
4 pedazos para hacer carteles para la feria
escolar. El papel mide 145 pulgadas de
largo. ¿Cuán largo debería ser cada cartel?

Modelo numérico: _____

Respuesta: _____

5 Explica cómo hallaste tu respuesta al Problema 4.

_____

_____

_____

Cajas matemáticas

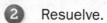

---

1 Jackson tenía $\frac{5}{6}$ de yarda de cinta. Usó $\frac{2}{6}$ de yarda para decorar un regalo. ¿Cuántas yardas le quedan?

_____
(modelo numérico)

Respuesta: _____ de yarda

LCE 178-180, 186

---

2 Resuelve.

a. 4 7 4
   ×   4

b. 4 7 4
   ×   8

LCE 100, 102, 104

---

3 Mira cada oración numérica. Decide si es verdadera o falsa.

a. $16 - (3 + 5) = 18$

◯ Verdadera   ◯ Falsa

b. $(4 + 2) * 5 = 30$

◯ Verdadera   ◯ Falsa

c. $100 \div (25 + 25) + 5 = 7$

◯ Verdadera   ◯ Falsa

d. $\{(40 - 4) \div 6\} + 8 = 14$

◯ Verdadera   ◯ Falsa

LCE 42-43

---

4 Usa las fracciones de la lista. Completa los espacios en blanco para que las oraciones numéricas sean verdaderas.

$\frac{1}{10}$ $1\frac{1}{4}$ $\frac{1}{8}$

a. $\frac{1}{2} +$ _____ < 2

b. $2\frac{1}{3} -$ _____ > 2

c. $\frac{4}{5} +$ _____ < 1

LCE 181-184

---

5 **Escritura/Razonamiento** Explica cómo sabes que la oración numérica que escribiste para el Problema 4b es verdadera.

_____

_____

_____

_____

_____

LCE 10-11, 181-184

Problemas de fracciones

Trabaja con un compañero o compañera, o un grupo pequeño, para resolver los problemas. Usen fichas, dibujos o rectas numéricas como ayuda. Prepárate para explicar cómo resolviste los problemas.

1 Hay 56 cuentas en un collar. $\frac{1}{4}$ de las cuentas son azules. ¿Cuántas cuentas son azules?

_____ cuentas

2 Jenna tenía 45 yardas de lana. Usó $\frac{1}{5}$ de ella para un proyecto de tejido. ¿Cuánta lana usó?

_____ yardas

3 Morris tiene una huerta rectangular de 60 pies cuadrados de área. $\frac{1}{10}$ de la huerta está sembrada con plantas de frijoles. ¿Cuántos pies cuadrados están sembrados con plantas de frijoles?

_____ pies cuadrados

Inténtalo

4 La longitud de mi sala de estar es de 24 pies. El ancho de mi sala de estar es $\frac{1}{2}$ de su longitud. ¿Cuál es el área de mi sala de estar?

_____ pies cuadrados

105

A continuación se da un modelo matemático de cada objeto de la vida diaria.

Usa el modelo matemático para estimar el volumen de cada objeto.
Asegúrate de incluir una unidad al escribir el volumen.

Luego, escribe una o más oraciones numéricas para mostrar cómo hallaste el volumen.

LCE
233-234

1
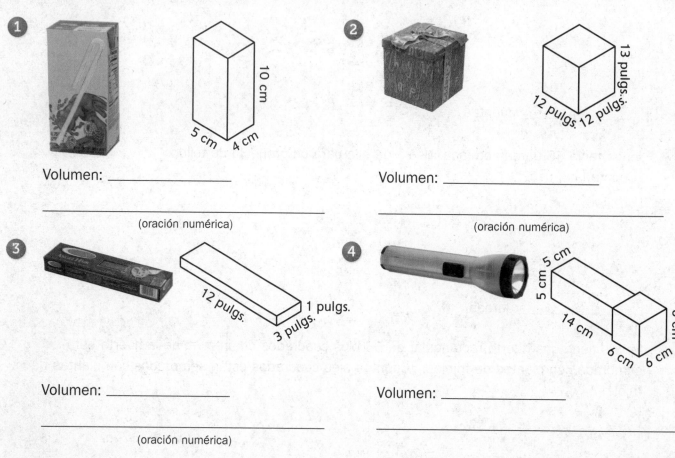

10 cm

5 cm   4 cm

Volumen: _____

_____
(oración numérica)

2

13 pulgs.

12 pulgs. 12 pulgs.

Volumen: _____

_____
(oración numérica)

3

12 pulgs.   1 pulgs.

3 pulgs.

Volumen: _____

_____
(oración numérica)

4

5 cm 5 cm

5 cm

14 cm

6 cm 6 cm

6 cm

Volumen: _____

_____
(oración numérica)

5
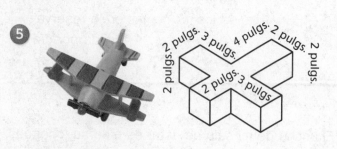

2 pulgs. 3 pulgs. 4 pulgs. 2 pulgs. 2 pulgs.

2 pulgs.   2 pulgs. 3 pulgs

Volumen: _____

_____
(oración numérica)

6
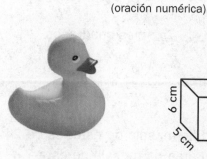

5 cm 5 cm

5 cm

6 cm

5 cm

11 cm

Volumen: _____

_____
(oración numérica)

Cajas matemáticas

---

1 Haz una estimación y resuelve.

_____
(estimación)

$$43\overline{)1{,}298}$$

$1{,}298 \div 43 \rightarrow$ _____

---

2 Usa estrategias de estimación para determinar si las oraciones numéricas son verdaderas o falsas.

a. $\frac{2}{3} - \frac{1}{4} < 1\frac{1}{2}$ ◯ Verdadera ◯ Falsa

b. $\frac{1}{7} + \frac{2}{3} < 1$ ◯ Verdadera ◯ Falsa

c. $\frac{1}{3} + \frac{3}{4} < \frac{1}{2}$ ◯ Verdadera ◯ Falsa

d. $\frac{5}{4} - \frac{1}{10} > 1\frac{1}{2}$ ◯ Verdadera ◯ Falsa

---

3 Resuelve. Usa piezas de círculos de fracciones como ayuda.

a. $\frac{3}{4} + \frac{1}{8} =$ _____

b. $\frac{1}{2} + \frac{5}{8} =$ _____

c. $\frac{2}{5} + \frac{3}{10} =$ _____

d. $\frac{1}{2} + \frac{2}{5} =$ _____

---

4 Julio compró 4 libras de palitos de zanahoria y 3 libras de palitos de apio. Tenía 6 tazones para servir verduras. Quiere poner la misma cantidad de zanahorias y apio en cada tazón.

Escribe una expresión para mostrar cuántas libras de verduras habría en cada tazón.

_____

---

5 Dixie quiere comprar un relleno nuevo para su sofá. El siguiente dibujo es un modelo de su sofá. Usa el modelo para estimar el volumen de su sofá.

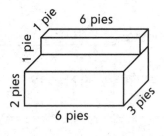

1 pie
1 pie
6 pies
1 pie
2 pies
6 pies
3 pies

Volumen = _____ pies cúbicos

---

6 Cada uno de los 17 gorilas en la reserva natural come 45 libras de comida por día. Escribe una expresión que represente la cantidad de comida que comen todos los gorilas por día. Luego, evalúa la expresión para hallar cuánta comida comen.

Expresión: _____

Respuesta: _____ libras

Más problemas de fracciones

Resuelve cada problema. Usa dibujos como ayuda.
Asegúrate de verificar que tus respuestas tengan sentido.

LCE
195-196

1 ¿Cuánto es $\frac{1}{2}$ de 5?

2 ¿Cuánto es $\frac{1}{5}$ de 12?

Respuesta: _____

Respuesta: _____

3 ¿Cuánto es $\frac{1}{4}$ de 2?

4 ¿Cuánto es $\frac{1}{8}$ de 6?

Respuesta: _____

Respuesta: _____

5 Fredrick fue a un mercado de productores y compró 8 cuartos de fresas. Quiere quedarse con $\frac{1}{3}$ de las fresas y regalar el resto. ¿Con cuántos cuartos de fresas se quedará?

6 Shelby tiene una bolsa de frutos secos de 4 libras. Quiere poner $\frac{1}{6}$ de los frutos secos en cada una de las mesas de refrescos de una función para recaudar fondos. ¿Cuántas libras de frutos secos debe poner en cada mesa?

Respuesta: _____ cuartos

Respuesta: _____ de libra

7 Explica cómo verificaste que tu respuesta al Problema 6 tenía sentido.

_____

_____

_____

Cajas matemáticas

① Emma y sus amigas caminaron $1\frac{1}{3}$ de milla el sábado. Al día siguiente caminaron $\frac{2}{3}$ de milla. ¿Cuántas millas caminaron en total?

_____
(modelo numérico)

Respuesta: _____ millas

LCE
178-180,
186-187

② Resuelve.

a.
$$\begin{array}{r} 3\ 7\ 5 \\ \times\qquad 3 \\ \hline \end{array}$$

b.
$$\begin{array}{r} 3\ 7\ 5 \\ \times\qquad 9 \\ \hline \end{array}$$

LCE
100, 102,
104

③ Resuelve.

a. $(28\ /\ 7) * 3 =$ _____

b. $\{(14\ /\ 7) + (12\ /\ 6)\} * 5 =$ _____

c. $(3 * 10^2) + (5 * 2) =$ _____

d. $32 + \{(8 * 2)\ /\ (2 + 2)\} =$ _____

LCE
42-43

④ Usa las fracciones de la lista. Completa los espacios en blanco para que cada oración numérica sea verdadera.

$$\frac{1}{3} \qquad \frac{1}{6} \qquad \frac{2}{7} \qquad 2\frac{3}{4} \qquad \frac{1}{8} \qquad 1\frac{2}{3}$$

a. _____ + _____ $< \frac{1}{2}$

b. _____ − _____ $> 1\frac{1}{2}$

c. _____ + _____ $> 2\frac{1}{2}$

LCE
181-184

⑤ **Escritura/Razonamiento** Escribe una historia de números que se pueda representar con la oración numérica del Problema 3a.

_____

_____

_____

_____

LCE
42-44

Cajas matemáticas

1 ¿Cuál de las opciones muestra la forma desarrollada del número 942,462? Escoge la mejor respuesta.

◯ 94 × 10,000 + 24 × 100 + 62 × 10

◯ 9 [100,000] + 4 [10,000] + 2 [1,000] + 4 [100] + 6 [10] + 2 [1]

◯ 9 [10,000] + 4 [1,000] + 2 [100] + 4 [10] + 6 [1] + 2 [0]

LCE
70

2 **a.** Redondea 318 a la decena más cercana.

_____

b. Redondea 4,135 a la centena más cercana.

_____

c. Redondea 23,891 al millar más cercano.

_____

LCE
79-82

3 Escribe las cantidades de dinero en notación de dólares y centavos.

diez dólares con quince centavos

_____

seis dólares con ocho centavos

_____

Encierra en un círculo la cantidad más grande.

$217.93 $217.95

LCE
121-123

4 Escribe el número que representa cada punto en la recta numérica.

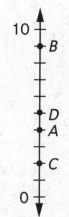

A: _____

B: _____

C: _____

D: _____

LCE
275

5 Escribe cada fracción en forma de decimal.

a. $\frac{32}{100}$ _____

b. $\frac{9}{10}$ _____

c. $\frac{10}{100}$ _____

LCE
116

6 ¿Cuál es el valor del dígito en negritas?

a. $32.4**2** _____

b. $11**6**.26 _____

c. $0.8**6** _____

LCE
118-119

1 Coloca las fracciones en la recta numérica.

$$\frac{7}{2} \qquad \frac{3}{2} \qquad \frac{5}{2}$$

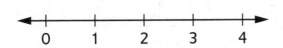

0   1   2   3   4

Escribe $\frac{7}{2}$ en forma de número mixto.

_____

LCE 159-160, 171

2 Haz una estimación. Luego, resuelve con la multiplicación usual de EE. UU.

_____
(estimación)

$$\begin{array}{r} 3\ 0\ 2 \\ *\quad 8\ 9 \\ \hline \end{array}$$

LCE 83, 103

3 Beatrice tenía que completar una página con 8 problemas matemáticos el fin de semana. Resolvió 3 problemas el sábado a la mañana y 2 el sábado a la tarde.

Escribe una oración numérica con fracciones que describan qué parte de la página completó Beatrice.

_____

¿Qué fracción de la página completó Beatrice el sábado?

_____

LCE 178-180, 186

4 Resuelve.

a. $\frac{1}{2}$ de 6 = _____

b. $\frac{1}{2}$ de 8 = _____

c. $\frac{1}{3}$ de 12 = _____

d. $\frac{1}{4}$ de 20 = _____

LCE 195

5 **Escritura/Razonamiento** Escoge una fracción del Problema 1. Escribe una historia de división que tenga esa fracción como respuesta.

_____

_____

_____

_____

_____

LCE 163-164

Leer y escribir decimales

Unidades 1 1		Décimas 0.1 $\frac{1}{10}$	Centésimas 0.01 $\frac{1}{100}$	Milésimas 0.001 $\frac{1}{1,000}$
	.			
	.			

Leer y escribir decimales (continuación)

Escribe los siguientes decimales en palabras. Utiliza la tabla de valor posicional de la página 112 del diario como ayuda.

1 0.67 _____

2 3.8 _____

3 3.622 _____

4 0.804 _____

Escribe cada decimal en números. Anótalos en la tabla de valor posicional de la página 112. Luego, escribe el valor del 4 en cada decimal.

5 **a.** cuatro con ocho décimas _____   **b.** El 4 vale _____.

6 **a.** cuarenta y ocho centésimas _____   **b.** El 4 vale _____.

7 **a.** cuarenta y ocho milésimas _____ **b.** El 4 vale _____ .

8 **a.** seis con cuatrocientos ocho milésimas _____

    b. El 4 vale _____.

Vuelve a escribir cada decimal en forma de fracción.

9 0.6 _____   **10** 0.03 _____   **11** 0.008 _____

Vuelve a escribir cada fracción en forma de decimal.

12 $\frac{2}{10}$ _____   **13** $\frac{65}{1,000}$ _____   **14** $\frac{402}{1,000}$ _____

15 Usa las pistas para escribir el número misterioso.

Escribe un 5 en el lugar de las décimas.

Escribe un 6 en el lugar de las unidades.

Escribe un 2 en el lugar de las milésimas.

Escribe un 1 en el lugar de las centésimas.

_____. _____ _____ _____

16 Haz los siguientes cambios al número 7.849:

Que el 7 tenga $\frac{1}{10}$ de su valor.

Que el 8 tenga 10 veces más.

Que el 4 tenga $\frac{1}{10}$ de su valor.

Que el 9 tenga 10 veces más.

_____. _____ _____ _____

Representar decimales

Mensaje matemático

1 Escribe 0.43 en palabras. _____

2 Escribe 0.43 en la siguiente tabla de valor posicional.

Unidades	·	Décimas	Centésimas	Milésimas
	·			

3 La siguiente cuadrícula representa 1. Colorea la cuadrícula para mostrar 0.43.

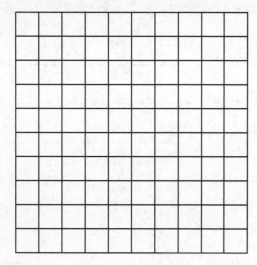

Escribe en los problemas 4 a 6, al menos tres nombres para representar cada decimal de las cajas de coleccionar nombres. Utiliza palabras, fracciones, decimales equivalentes u otras representaciones. Luego, colorea las cuadrículas para mostrar el decimal.

4

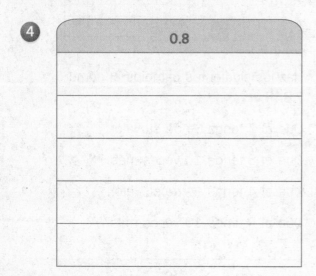

0.8

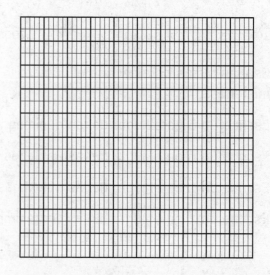

LCE
116-118,
120

5

0.620

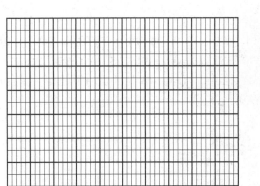

6

0.418

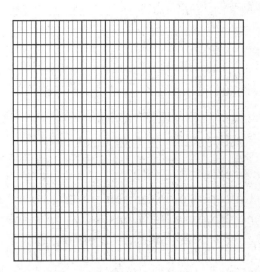

Historias de fracciones

Escribe en cada historia un modelo numérico con una letra para la incógnita. Luego, resuelve la historia. Puedes hacer dibujos o usar piezas de círculos de fracciones como ayuda.

LCE 163-164, 178-180

---

1 Un cocinero distribuye en 12 platos de ensalada, 5 lechugas divididas en partes iguales. ¿Cuánta lechuga habrá en cada plato?

Modelo numérico: _____

Respuesta: _____ de lechuga

---

2 Alma tiene un rollo de 10 pies de papel para envolver. Recorta $2\frac{3}{4}$ pies para envolver un regalo. ¿Cuánto papel le queda en el rollo?

Modelo numérico: _____

Respuesta: _____ pies de papel

---

3 Vernon mezcló $2\frac{1}{3}$ tazas de agua con $2\frac{1}{3}$ tazas de vinagre blanco para hacer una solución limpiadora. ¿Cuánta solución limpiadora hizo?

Modelo numérico: _____

Respuesta: _____ tazas

---

4 En una carrera de relevos, un corredor corrió $4\frac{3}{10}$ millas. El siguiente corredor corrió $4\frac{9}{10}$ millas. ¿Cuánto corrieron en total?

Modelo numérico: _____

Respuesta: _____ millas

---

5 Un conejillo de Indias pesa $1\frac{7}{8}$ libras. Un conejo pesa $3\frac{3}{8}$ libras. ¿Cuánto más que el conejillo de Indias pesa el conejo?

Modelo numérico: _____

Respuesta: _____ libras

---

6 Una carrera de relevos en bicicleta tiene 24 millas de largo. En el equipo de Nikita hay 7 miembros, que correrán la misma distancia. ¿Cuánto correrá cada miembro del equipo?

Modelo numérico: _____

Respuesta: _____ millas

Cajas matemáticas

Cajas matemáticas

---

1 Escribe cada número en forma desarrollada.

a. 21,756,834

_____

_____

b. 311,019

_____

_____

LCE
70

---

2 Haz una estimación. Luego, resuelve con la división de cocientes parciales.

$2{,}731 \div 31 = ?$

_____
(estimación)

$2{,}731 \div 31 \rightarrow$ _____

LCE
84,
109-110

---

3 Halla el volumen del prisma rectangular. Usa la fórmula $V = l * a * h$.

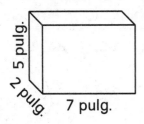

5 pulg.

2 pulg.

7 pulg.

$V =$ _____
(modelo numérico)

$V =$ _____ pulg.^{3}

LCE
233

---

4 **a.** Vuelve a escribir la estatura de cada estudiante *solo en pulgadas*.

Juan: 5 pies, 4 pulgadas = _____

Marilú: 4 pies, 11 pulgadas = _____

b. ¿Cuántas pulgadas más alto que Marilú es Juan?

_____ pulgadas

LCE
215-217,
219, 328

---

5 Escribe >, < o =.

a. $\frac{2}{3} - \frac{1}{2}$ _____ $\frac{1}{2}$

b. $\frac{3}{4} + \frac{3}{8}$ _____ 1

c. $\frac{3}{4} - \frac{1}{2}$ _____ $\frac{1}{4}$

LCE
181-182

---

6 La piscina está abierta 8 horas al día. El administrador debe dividir el tiempo de uso entre 5 grupos: campamento, práctica de equipo, clases, familias y piscina abierta. ¿Cuánto tiempo debe otorgarle a cada grupo?

_____ horas

LCE
163-164

Escribir decimales en forma desarrollada

Mensaje matemático

Colorea la cuadrícula para representar 0.3.
Colorea con otro color para que muestre 0.31 en total.
Luego, colorea con un tercer color para que la
cuadrícula muestre 0.312.

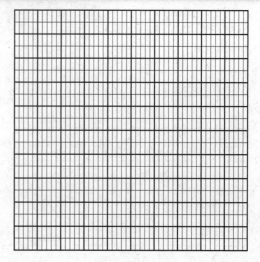

Completa la siguiente tabla con diferentes versiones de la forma desarrollada.

estándar	Versiones de la forma desarrollada		
	Suma de decimales en notación estándar	Suma de expresiones de multiplicación (Decimales)	Suma de expresiones de multiplicación (Fracciones)
Ejemplo: 0.568	$0.5 + 0.06 + 0.008$	$(5 * 0.1) + (6 * 0.01) + (8 * 0.001)$	$5 * \frac{1}{10} + 6 * \frac{1}{100} + 8 * \frac{1}{1,000}$
2.473			$(2 * 1) + \left(4 * \frac{1}{10}\right) + \left(7 * \frac{1}{100}\right) + \left(3 * \frac{1}{1,000}\right)$
0.094			
7.752			
	$0.6 + 0.03 + 0.007$		

Representar decimales en forma desarrollada

Utiliza tres tarjetas de números para crear un decimal en tu tablero de valor posicional decimal. Anota el decimal que creaste en una de las siguientes cajas. Escríbelo en forma desarrollada. Luego colorea la cuadrícula de milésimas con otro color para mostrar el valor de cada dígito. Repite para completar las cuatro cajas.

Decimal: 0. _____ _____ _____

Forma desarrollada: _____

_____

Decimal: 0. _____ _____ _____

Forma desarrollada: _____

_____

Decimal: 0. _____ _____ _____

Forma desarrollada: _____

_____

Decimal: 0. _____ _____ _____

Forma desarrollada: _____

_____

Cajas matemáticas

1 Rotula cada marca en la recta numérica con la fracción apropiada.

$$\frac{4}{3} \qquad \frac{3}{2} \qquad \frac{7}{4}$$

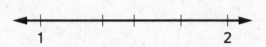

Escribe $\frac{4}{3}$ en forma de número mixto.

_____

LCE
159-160, 171

2 Haz una estimación. Luego, completa los números que faltan con la multiplicación usual de EE. UU.

_____
(estimación)

```
          2   1
          1   1
      8   7   5
  *   1   3   2
  ─────────────────
    1 □   5   0
  2 □   2   5   □
+ □   7   □   0   0
  ─────────────────
  1 1 □ , 0   0
```

LCE
83, 103

3 Dawn quiere sembrar vegetales y hierbas en su huerta. Si planta hierbas en $\frac{3}{8}$ de la huerta, ¿cuánto espacio quedará para los vegetales?

_____
(modelo numérico)

Respuesta: _____ de la huerta

LCE
178-180, 186

4 ¿Cuánto es:

a. $\frac{1}{3}$ de 24? _____

b. $\frac{1}{4}$ de 24? _____

c. $\frac{1}{6}$ de 24? _____

LCE
195

5 **Escritura/Razonamiento** Explica cómo resolviste el Problema 4c.

_____

_____

_____

_____

LCE
195

Interpretar los residuos

Resuelve cada historia de números. Muestra tu trabajo.
Explica qué decidiste hacer con el residuo.

LCE
109,
113-114

1 Bre ganó 189 boletos jugando a diferentes juegos de la feria.
Si el costo de cada premio es de 15 boletos, ¿cuántos premios
puede obtener Bre?

Modelo numérico: _____

Cociente: _____ Residuo: _____

Respuesta: Bre puede obtener _____ premios.

Encierra en un círculo lo que hiciste con el residuo.

    Lo ignoré   Lo presenté   Redondeé el cociente
                      como fracción   hacia arriba

¿Por qué?

_____

_____

2 Elisbeth mide 58 pulgadas de estatura. ¿Cuál es su estatura en pies?

Recuerda: 1 pie = 12 pulgadas

Modelo numérico: _____

Cociente: _____ Residuo: _____

Respuesta: Elisbeth mide _____ pies.

Encierra en un círculo lo que hiciste con el residuo.

    Lo ignoré   Lo presenté   Redondeé el cociente
                      como fracción   hacia arriba

¿Por qué?

_____

_____

Cajas matemáticas

Cajas matemáticas

1 Escribe el siguiente número en forma desarrollada.

3,768,412,000

_____

_____

_____

_____

_____

LCE 70

2 Haz una estimación. Luego, resuelve con la división de cocientes parciales.

$8,096 ÷ 21 = ?$

_____
(estimación)

$8,096 ÷ 21 →$ _____

LCE 84, 109-110

3 Halla el volumen del prisma rectangular. Usa la fórmula $V = B * h$.

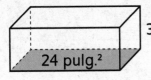

3 pulg.

24 pulg.²

$V =$ _____ pulgadas cúbicas

LCE 233

4 **a.** Vuelve a escribir el peso al nacer de los bebés, solo en onzas (oz).

Recuerda: 16 oz = 1 lb

Sadie: 5 lb, 11 oz = _____ oz

Kevin: 8 lb, 9 oz = _____ oz

b. ¿Cuántas onzas más que Sadie pesaba Kevin al nacer?

_____ oz

LCE 215-217

5 Escribe >, < o =.

a. $1\frac{1}{3} - \frac{2}{3}$ _____ 1

b. $\frac{3}{4} - \frac{1}{8}$ _____ $\frac{1}{2}$

c. $\frac{4}{8} + \frac{6}{12}$ _____ 1

LCE 181-182

6 Matt trabaja como paseador de perros. Tiene 4 horas para pasear 18 perros. ¿Qué expresiones representan la cantidad de tiempo que debería pasear a cada perro? Selecciona todas las que correspondan.

☐ $\frac{18}{4}$ horas   ☐ $(18 ÷ 4)$ horas

☐ $\frac{4}{18}$ hora   ☐ $(4 ÷ 18)$ hora

LCE 163-164

Identificar el número más cercano

Mensaje matemático

1 Colorea la cuadrícula de la derecha para mostrar 0.28.

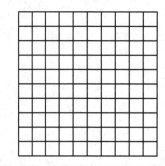

2 ¿Está 0.28 más cerca de 0.2 o de 0.3? Colorea la cuadrícula como ayuda. Prepárate para explicar tu razonamiento.

0.28 está más cerca de _____.

---

3 Rotula la siguiente recta numérica para mostrar si 0.28 está más cerca de 0.2 o de 0.3.

0.2   0.3

4 Colorea la cuadrícula de la derecha para mostrar 0.619. Resuelve el Problema 5 con ayuda de la cuadrícula.

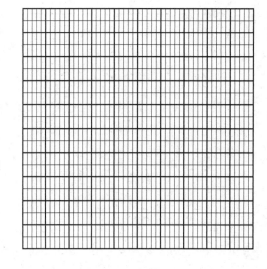

5 **a.** ¿Entre qué dos centésimas está 3.619?

3.619 está entre _____ y _____.

b. ¿Qué número está exactamente a mitad de camino entre los números que escribiste en el Problema 5a?

_____

6 Redondea 3.619 a la centésima más cercana. Utiliza tus respuestas a los Problemas 4 y 5 y la siguiente recta numérica como ayuda.

_____

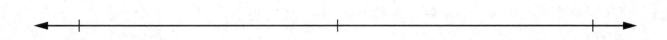

Redondear decimales

Completa las rectas numéricas para redondear cada número.
Asegúrate de rotular todas las marcas.

1 Redondea 3.6 al número entero más cercano.

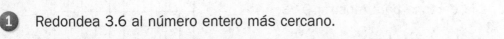

Número redondeado: _____ ¿Redondeaste hacia arriba o hacia abajo? _____

2 Redondea 2.73 a la décima más cercana.

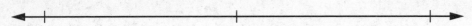

Número redondeado: _____ ¿Redondeaste hacia arriba o hacia abajo? _____

3 Redondea 2.73 al número entero más cercano.

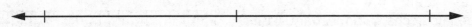

Número redondeado: _____ ¿Redondeaste hacia arriba o hacia abajo? _____

4 Redondea 4.254 a la centésima más cercana.

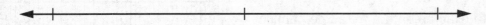

Número redondeado: _____ ¿Redondeaste hacia arriba o hacia abajo? _____

5 Redondea 4.254 a la décima más cercana.

Número redondeado: _____ ¿Redondeaste hacia arriba o hacia abajo? _____

6 Redondea 4.254 al número entero más cercano.

Número redondeado: _____ ¿Redondeaste hacia arriba o hacia abajo? _____

Redondear decimales en contextos de la vida cotidiana

Lee a continuación sobre diferentes situaciones de la vida diaria y redondea los decimales según se indica. Puedes dibujar una recta numérica o cuadrículas como ayuda.

1. En la competición de atletismo del distrito, cada carrera está cronometrada a la milésima de segundo más cercana, con un cronómetro electrónico. Sin embargo, las reglas de la pista del distrito requieren que los tiempos sean informados solo con 2 lugares decimales. Redondea cada tiempo a la centésima de segundo más cercana.

Nota: s = segundo(s)

Cronómetro electrónico	Tiempo informado	Cronómetro electrónico	Tiempo informado
a. 10.752 s	s	**b.** 55.738 s	s
c. 16.815 s	s	**d.** 43.505 s	s
e. 20.098 s	s	**f.** 52.996 s	s

Explica cómo redondeaste 20.098 a la centésima más cercana.

_____

_____

_____

2. Los supermercados muestran a menudo los precios unitarios de los artículos. Eso ayuda a los clientes a comparar los precios para realizar la mejor compra. El precio unitario se halla al dividir el precio de un artículo (en centavos o dólares y centavos) por la cantidad del artículo (a menudo en onzas o libras). Cuando el cociente tiene más lugares decimales de los necesarios, algunas tiendas redondean a la décima de centavo más cercana.

Ejemplo: Un recipiente de yogur de 16 oz cuesta $3.81.

- $3.81 * 100 centavos por dólar = 381 ¢

- 381 ¢ ÷ 16 oz = 23.8125 ¢ por onza

- 23.8125 ¢ se redondea hacia abajo a 23.8 ¢ por onza

Redondea cada precio unitario a la décima de centavo más cercana.

a. 28.374 ¢ _____ ¢   **b.** 19.756 ¢ _____ ¢

c. 16.916 ¢ _____ ¢   **d.** 20.641 ¢ _____ ¢

e. 18.459 ¢ _____ ¢   **f.** 21.966 ¢ _____ ¢

Cajas matemáticas

1 Keegan practica karate durante 60 minutos todos los días laborables. Si el verano tiene 47 días laborables, ¿cuántos minutos habrá practicado al finalizar el verano?

_____
(modelo numérico)

_____
(estimación)

Respuesta: _____

LCE
44, 83, 100-104

2 Colorea la cuadrícula para representar el decimal 0.8.

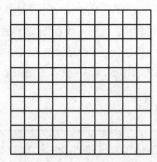

Escribe el decimal en palabras.

_____

LCE
117, 120

3 Encierra en un círculo la referencia más cercana a cada suma o diferencia.

a. $\frac{3}{8} + \frac{9}{10}$

0      $\frac{1}{2}$ 1 $1\frac{1}{2}$ 2

b. $1\frac{1}{6} - \frac{3}{5}$

0      $\frac{1}{2}$ 1 $1\frac{1}{2}$ 2

LCE
181-184

4 Olivia está comprando paquetes de leña para una fogata. Los paquetes no se pueden dividir. Si cada uno cuesta $3, ¿cuántos puede comprar con $10?

_____
(modelo numérico)

Respuesta: _____ paquetes de leña

LCE
44, 113

5 **Escritura/Razonamiento** Explica cómo resolviste el Problema 3b.

_____

_____

_____

LCE
181-184

Ubicar ciudades en un mapa de Irlanda

Bantry	B-1	Dublin	F-4	Lahinch	B-4	Omagh	E-7
Belfast	F-7	Dundalk	F-6	Larne	F-7	Tralee	B-2
Carlow	E-3	Galway	C-4	Limerick	C-3	Tuam	C-5
Castlebar	B-6	Gort	C-4	Mullingar	E-5	Westport	_____
Derry	E-8	Kilkee	B-3	Navan	E-5	Wicklow	_____

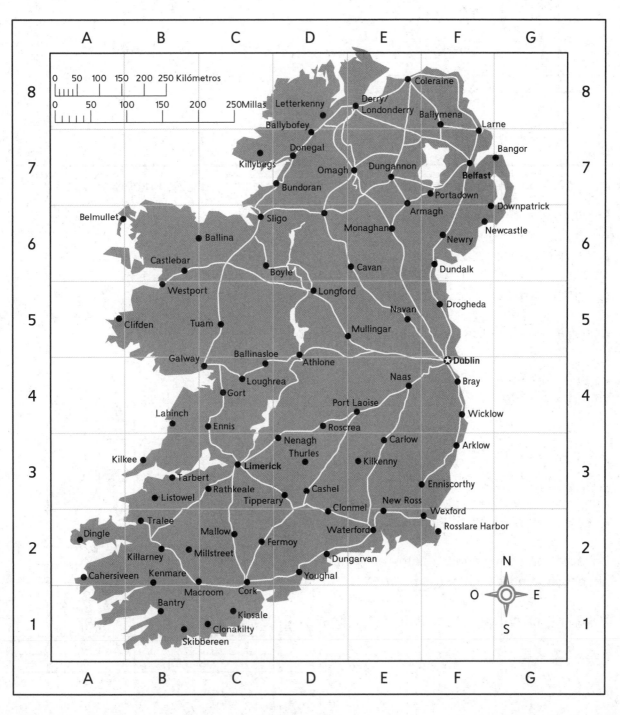

Marcar puntos en una gráfica de coordenadas

1 Usa la gráfica que se muestra mientras sigues las instrucciones de tu maestro.

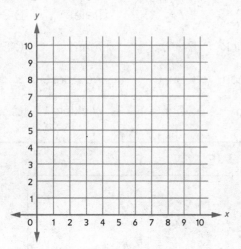

Utiliza la gráfica de coordenadas que se muestra a continuación para los Problemas 2 a 6.

2 Escribe los pares ordenados para:

a. el punto A _____

b. el punto B _____

c. el punto C _____

d. el origen _____

3 Conecta con un reglón los puntos A, B y C, en orden.

4 En la misma gráfica, marca y rotula los siguientes puntos.

D (6, 10)   E (9, 10)

F (10, 9)   G (10, 6)

H (9, 5)   J (6, 5)

K (5, 6)

5 Conecta con un reglón los puntos en orden alfabético, empezando por el punto C.

6 ¿Qué imagen creaste al conectar los puntos?

_____

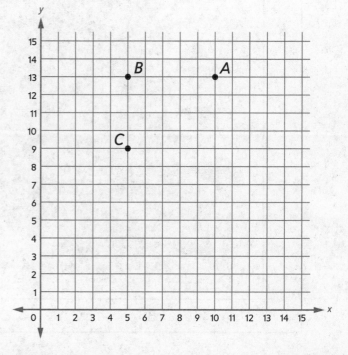

128

¿Cuánta tierra hay?

1 **a.** David ayudó a su padre a construir un macetero grande para plantar flores frente a su casa. ¿Cuánta tierra puede contener el macetero?

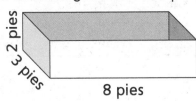

El macetero puede contener _____ pies cúbicos de tierra.

Modelo numérico: _____

b. David encontró en el garaje 11 bolsas de tierra, sin abrir. Cada bolsa contenía 2 pies cúbicos de tierra. David tiró todas las bolsas de tierra en el macetero. Haz una línea en la figura de arriba para mostrar alrededor de cuánta tierra hay en el macetero. Explica cómo lo calculaste.

_____

_____

_____

2 La madre de David usó pedazos de madera para construir en el patio trasero un macetero para vegetales como el que se muestra.

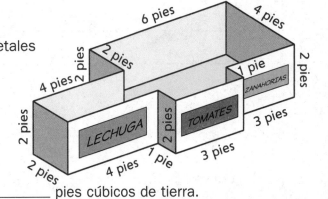

a. ¿Cuánta tierra puede contener el macetero?

El macetero para vegetales puede contener _____ pies cúbicos de tierra.

b. Explica cómo resolviste la Parte a.

_____

_____

_____

_____

_____

c. Si el macetero no cabe en el patio, la mamá de David quitará la sección de las lechugas.

¿Cuánta tierra se necesitará entonces para llenarlo? _____ pies cúbicos

3 Habla con un compañero o compañera sobre cómo resolviste cada problema. Comparen sus estrategias.

Cajas matemáticas

① Sasha caminó $\frac{3}{5}$ de milla hasta la escuela. Después de la escuela, caminó otro $\frac{1}{5}$ de milla hasta la práctica de ballet. Del ballet, caminó $\frac{4}{5}$ de milla hasta su casa. ¿Cuánto caminó Sasha en total?

_____
(modelo numérico)

Respuesta: _____

LCE
178-180, 186

② Completa la caja de coleccionar nombres con al menos 3 nombres.

0.25

LCE
116-118

③ Escribe 4.628 en forma desarrollada.

_____

_____

LCE
118

④ Encierra en un círculo la situación que tendría como respuesta: $\frac{8}{5}$ kilogramos de krill.

A. 8 pingüinos comen 5 kilogramos de krill. ¿Cuánto come cada pingüino?

B. 5 pingüinos comen 8 kilogramos de krill. ¿Cuánto come cada pingüino?

LCE
163-164

⑤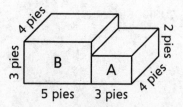

Esta figura representa los peldaños del porche de Shelby. ¿Cuál de los siguientes enunciados es verdadero? Rellena el círculo que está junto a <u>todos</u> los que corresponden.

○ **A.** El volumen total de los peldaños es de 84 pies³.

○ **B.** El volumen del peldaño A es de 28 pies³.

○ **C.** El volumen del peldaño B es de 60 pies³.

LCE
233-234

⑥ Haz una estimación. Luego, resuelve.

$4{,}211 \div 68$

_____
(estimación)

$4{,}211 \div 68 \rightarrow$ _____

LCE
84, 109-110

Mapa del pueblo

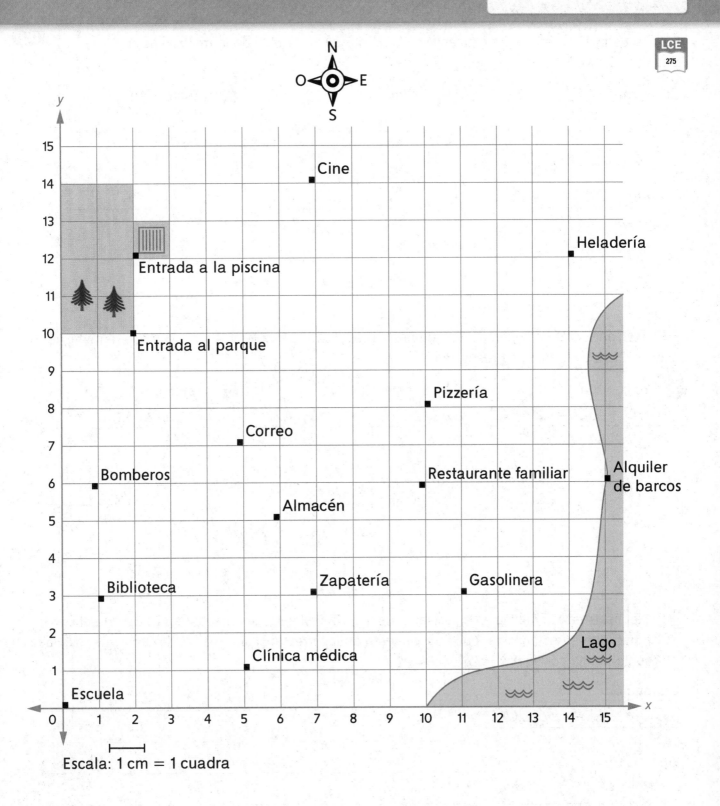

Escala: 1 cm = 1 cuadra

Haz una estimación en los Problemas 1 a 3. Luego, resuelve usando la multiplicación usual de EE. UU.

LCE
83,
102-103

1 Estimación:

_____

```
    2 5
*   1 1
```

2 Estimación:

_____

```
    4 3 2
*     2 9
```

3 Estimación:

_____

```
    2 1 7
*   3 0 9
```

Otro estudiante hizo una estimación y empezó a resolver los Problemas 4 a 6 usando la multiplicación usual de EE. UU. Termina de resolverlos.

4 Estimación:

$40 * 60 = 2,400$

```
    1
    3 7
*   6 2
    7 4
```

5 Estimación:

$500 * 100 = 50,000$

```
  7 1
  4 9 2
*   9 8
    3 6
```

6 Estimación:

$500 * 200 = 100,000$

```
    5 1 1
*   2 1 9
        9
```

7 Stephen resolvió el siguiente problema usando la multiplicación usual de EE. UU. Él sabe, a partir de su estimación, que su respuesta es incorrecta. Halla el error de Stephen y explica cómo podría corregirlo.

Estimación:

$700 * 80 = 56,000$

```
    5 1
    5 1
    6 7 2
*       8 7
    4 7 0 4
+   5 3 7 6
  1 0,0 8 0
```

_____

_____

_____

_____

_____

_____

Cajas matemáticas

Cajas matemáticas

---

1 Colette está rellenando 400 globos con agua para un picnic escolar. Los globos vienen en bolsas de 25, 50, 150 y 250. ¿Qué conjunto de bolsas proveerá al menos 400 globos, con la menor cantidad de globos sobrantes?

Rellena el círculo que está junto a la mejor respuesta.

○ **A.** 15 bolsas de 25 globos

○ **B.** 8 bolsas de 50 globos

○ **C.** 3 bolsas de 150 globos

○ **D.** 2 bolsas de 250 globos

LCE 97-104

---

2 Colorea la cuadrícula para representar el decimal 0.08.

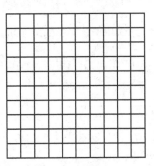

Escribe el decimal en palabras.

_____

LCE 117, 120

---

3 Encierra en un círculo la referencia más cercana a cada suma o diferencia.

a. $\frac{5}{9} - \frac{3}{6}$

   0          $\frac{1}{2}$ 1

b. $\frac{1}{2} + \frac{5}{6}$

   0          $\frac{1}{2}$ 1

LCE 181-184

---

4 Lola tiene 17 fotos para colocar en el boletín escolar. Puede poner 4 fotos por página. ¿Cuántas páginas debe tener el boletín para que entren todas las fotos?

_____
(modelo numérico)

Cociente: _____ Residuo: _____

Respuesta: _____ páginas

LCE 44, 113

---

5 **Escritura/Razonamiento** Explica qué decidiste hacer con el residuo del Problema 4.

_____

_____

_____

LCE 113

Hacer gráficas de veleros

1. Halla la columna rotulada Velero original en la siguiente tabla. Marca los pares ordenados de esta columna en la gráfica Velero original de la página siguiente. Conecta los puntos en el mismo orden en que los marcaste. Deberías ver el contorno de un velero.

2. **a.** Completa las coordenadas que faltan para el Velero nuevo 1.

   b. ¿En qué piensas que se diferenciará el Velero nuevo 1 del Velero original? Escribe una conjetura en la parte superior de la columna.

   c. Marca los pares ordenados para el Velero nuevo 1 en la página siguiente. Conecta los puntos en el mismo orden en que los marcas.

Velero original	Velero nuevo 1	Velero nuevo 2	Velero nuevo 3
	Regla: Duplicar cada número del par **original**.	Regla: Duplicar el primer número del par **original**. Dejar el segundo número sin cambiar.	Regla: Duplicar el segundo número del par **original**. Dejar el primer número sin cambiar.
Conjetura:			
(8, 1)	(16, 2)	(16, 1)	(8, 2)
(5, 1)	(10, 2)	(10, 1)	(5, 2)
(5, 7)	(10, 14)	(10, 7)	(5, 14)
(1, 2)	(,)	(,)	(,)
(5, 1)	(,)	(,)	(,)
(0, 1)	(,)	(,)	(,)
(2, 0)	(,)	(,)	(,)
(7, 0)	(,)	(,)	(,)
(8, 1)	(,)	(,)	(,)

   d. Completa los pasos 2a a 2c para el Velero nuevo 2.

   e. Completa los pasos 2a a 2c para el Velero nuevo 3.

   Asegúrate de aplicar cada regla a las coordenadas del **Velero original**.

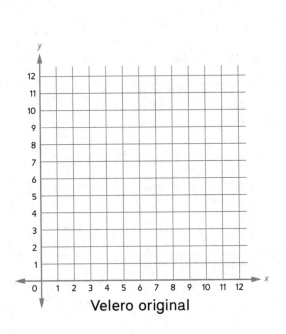

Velero original

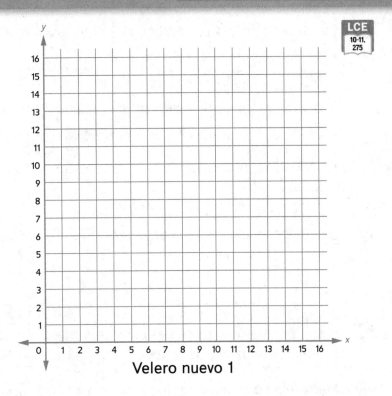

Velero nuevo 1

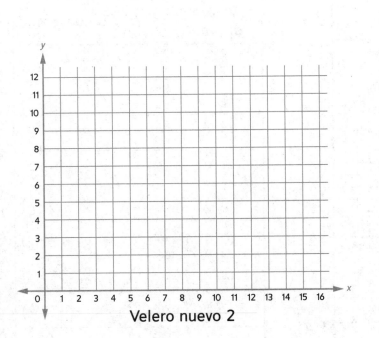

Velero nuevo 2

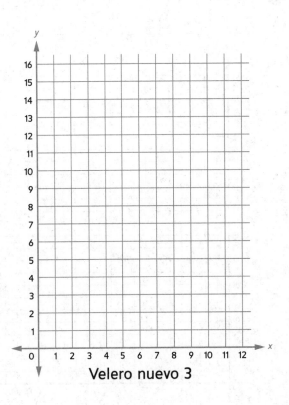

Velero nuevo 3

Una nueva regla para los veleros

1 Encierra en un círculo la regla para el Velero 4 que te dio tu maestro.

- Triplica el primer número del par ordenado.

- Triplica el segundo número del par ordenado.

- Duplica el primer número del par ordenado; divide el segundo número por la mitad.

- Divide el primer número del par ordenado por la mitad; duplica el segundo número.

- Otra: _____

_____

2 Haz una conjetura sobre cómo será la forma del Velero nuevo 4.

_____

_____

3 Inventa pares ordenados para el Velero nuevo 4 basados en la regla. Escríbelos en la siguiente tabla.

4 Marca el nuevo conjunto de pares ordenados y conecta los puntos en el orden en que los marcaste.

5 ¿Era correcta tu conjetura? Explica. _____

_____

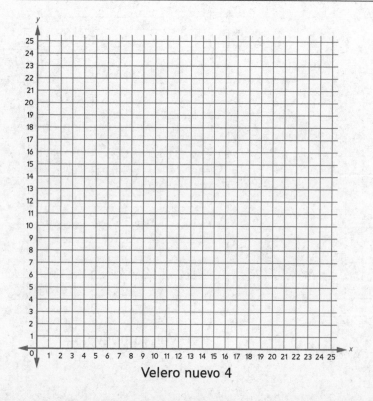

Velero nuevo 4

Velero original	Velero nuevo 4	
(8, 1)	(,	)
(5, 1)	(,	)
(5, 7)	(,	)
(1, 2)	(,	)
(5, 1)	(,	)
(0, 1)	(,	)
(2, 0)	(,	)
(7, 0)	(,	)
(8, 1)	(,	)

Cajas matemáticas

Cajas matemáticas

1 Dakota tenía una cometa con $25\frac{6}{12}$ pies de cuerda. La cometa quedó atrapada en un árbol. Dakota perdió $4\frac{3}{12}$ pies de cuerda intentando liberarla. ¿Cuánta cuerda le queda a Dakota?

_____
(modelo numérico)

Respuesta: _____

LCE
178-180

2 Completa la caja de coleccionar nombres.

3.09

LCE
116-118

3 Escribe el número 17.803 en forma desarrollada.

_____

_____

LCE
118

4 Escribe una historia de división que tenga como respuesta $\frac{3}{5}$.

_____

_____

_____

_____

LCE
163-164

5 Un dependiente apiló estas cajas para crear un exhibidor. Cada caja mide 1 unidad cúbica. Halla el volumen del exhibidor.

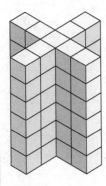

LCE
231-232, 234

$V =$ _____ unidades³

6 Escribe un problema de división para el cual la estimación podría ser:

$7{,}000 \div 100 = 70$

_____ $\div$ _____ $\rightarrow$ _____

Resuelve tu problema:

LCE
84, 109-110

137

Representar datos como pares ordenados

Los datos de la siguiente tabla muestran las edades de Lilith y Noah en 5 momentos de sus vidas. **LCE** 55-56, 275

Edad de Lilith (años)	Edad de Noah (años)
5	1
7	3
9	5
11	7
12	8

Pares ordenados:

(____ , ____)

(____ , ____)

(____ , ____)

(____ , ____)

(____ , ____)

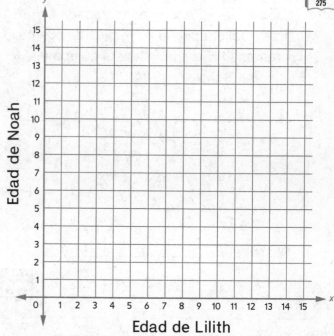

Edad de Noah

Edad de Lilith

1 Escribe sus edades como pares ordenados. Luego, marca los puntos en la gráfica.

2 ¿Qué observas acerca de los puntos que marcaste?

_____

3 Conecta los puntos con una línea. ¿Qué otra información podemos obtener a partir de esta línea?

_____

4 Utiliza la línea para determinar las edades de Lilith y Noah en otros momentos de sus vidas.

a. Cuando Lilith tenía 8 años, Noah tenía _____ años.

b. Cuando Noah tenía 6 años, Lilith tenía _____ años.

c. ¿Qué edad tendrá Lilith cuando Noah tenga 11 años? _____

5 Explica cómo resolviste el Problema 4c.

_____

_____

_____

_____

6 ¿Quién es mayor, Lilith o Noah? _____   ¿Por cuántos años? _____

Formar y graficar pares ordenados

Completa los valores que faltan en cada conjunto, y escribe los datos como pares ordenados. Marca los puntos en la gráfica y conéctalos con un reglón. Usa la gráfica para responder las preguntas.

LCE 55-56, 275

1 Dean está recaudando dinero para una obra benéfica. Gana $2 por cada vuelta que da alrededor del gimnasio.

Vueltas corridas (x)	$ ganado (y)
1	2
2	
	6
4	

Pares ordenados:

(_____, _____)

(_____, _____)

(_____, _____)

(_____, _____)

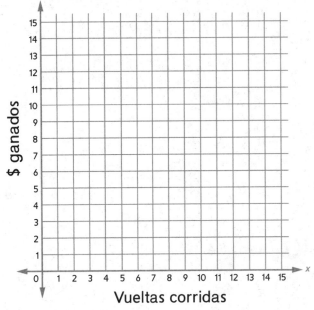

Vueltas corridas

a. Si Dean ganó $14, ¿cuántas vueltas corrió?

_____ vueltas

b. Pon una X en el punto de la gráfica que muestre tu respuesta a la Parte a.

c. ¿Cuáles son las coordenadas de este punto? (_____, _____)

2 Sally usa 2 pinceles por cada tarro de pintura.

Pinceles (x)	Tarros de pintura (y)
2	1
4	
	3
8	

Pares ordenados:

(_____, _____)

(_____, _____)

(_____, _____)

(_____, _____)

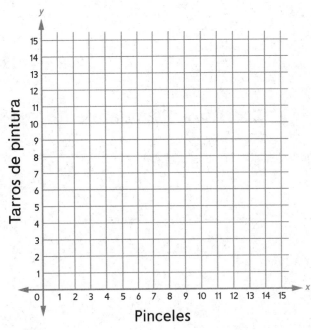

Pinceles

a. Si Sally usa 6 tarros de pintura, ¿cuántos pinceles necesitará? _____ pinceles

b. Pon una X en el punto de la gráfica que muestre tu respuesta a la Parte a.

c. ¿Cuáles son las coordenadas para el punto que marcaste con una X? (_____, _____)

Cajas matemáticas

1 Escribe < o > para hacer oraciones numéricas verdaderas.

a. 0.5 _____ 1.0

b. 3.2 _____ 3.02

c. 4.83 _____ 4.8

d. 6.25 _____ 6.4

e. 0.7 _____ 0.07

LCE
121-123

2 Escribe en notación estándar.

$2 \times 10^3 =$ _____

$7 \times 10^5 =$ _____

$3 \times 10^2 =$ _____

LCE
68-69

3 Resuelve.

$\frac{1}{2}$ de 9 = _____

$\frac{1}{4}$ de 5 = _____

LCE
195

4 Escribe cada decimal en palabras.

a. 0.16

_____

_____

b. 3.28

_____

_____

LCE
117

5 **Escritura/Razonamiento** Explica cómo comparaste los decimales del Problema 1.

_____

_____

_____

_____

_____

LCE
121-123

Logo

Amy está diseñando un logo para su club escolar. Piensa poner un trapecio alrededor de las letras RC, que representan al Récord Club. Debajo se muestra la imagen del trapecio original que dibujó en una gráfica de coordenadas.

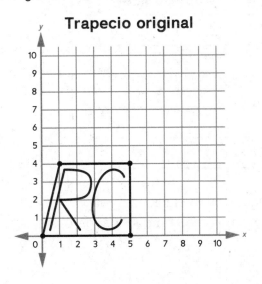

Trapecio original

Amy decide que quiere incluir el nombre de la escuela, entonces debe ensanchar el trapecio. No lo quiere hacer más alto. Desarrolló una regla que la ayudará a corregir el dibujo.

Regla de Amy: Duplicar la primera coordenada de todos los puntos.

1. Si Amy usa su regla, ¿cómo piensas que será el nuevo trapecio? ¿Por qué? Sé específico en tu descripción.

_____

_____

_____

_____

_____

_____

Logo (continuación)

2 Escribe las coordenadas del nuevo trapecio con la regla de Amy.

Trapecio original	Trapecio nuevo
(0, 0)	
(1, 4)	
(5, 4)	
(5, 0)	
(0, 0)	

3 Marca las nuevas coordenadas en la siguiente gráfica.
Conecta los puntos en el mismo orden en que los marcaste.

Trapecio nuevo

4 ¿Es el trapecio nuevo como lo esperabas? ¿Por qué?
Sé específico en tu explicación de cómo cambió.

142

Cajas matemáticas:
Avance de la Unidad 5

1 Usa las unidades cuadradas para hallar el área del rectángulo.

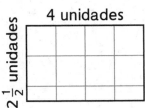

4 unidades

$2\frac{1}{2}$ unidades

Área = _____ unidades²

LCE
224-225

2 Escribe 5 múltiplos de 7.

_____

_____

LCE
72

3 Shoshana y Ariel obtuvieron diferentes respuestas para un problema de estimación de fracciones. Para el problema $\frac{8}{9} + \frac{1}{4}$:

Shoshana escribió $\frac{8}{9} + \frac{1}{4} > 1$.

Ariel escribió $\frac{8}{9} + \frac{1}{4} < 1$.

¿Quién tiene razón? _____

¿Cómo lo sabes?

_____

_____

_____

LCE
181-182

4 Escribe todos los factores de 30.

_____

_____

LCE
73

5 Escribe el número que falta.

a. $\frac{1}{2} = \frac{5}{\boxed{}}$

b. $\frac{2}{3} = \frac{\boxed{}}{12}$

c. $\frac{9}{\boxed{}} = \frac{90}{100}$

LCE
166, 168-170

6 Resuelve.

a. Si 4 es $\frac{1}{2}$ del entero, ¿cuál es el entero? _____

b. Si 2 es $\frac{1}{3}$ del entero, ¿cuál es el entero? _____

LCE
195

Suma y resta decimales con cuadrículas

En los Problemas 1 y 2:

- Colorea la cuadrícula de un color para mostrar el primer sumando.

- Colorea más partes de la cuadrícula con otro color para mostrar el segundo sumando.

- Escribe la suma para completar la oración numérica.

LCE
129

①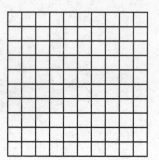

$0.6 + 0.22 =$ _____

②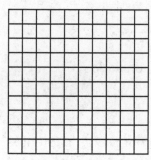

$0.18 + 0.35 =$ _____

En los Problemas 3 y 4:

- Colorea la cuadrícula para mostrar el número inicial.

- Tacha o colorea con un color más oscuro para mostrar qué parte se resta.

- Escribe la diferencia para completar la oración numérica.

③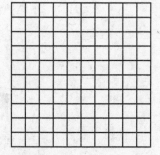

$0.47 - 0.20 =$ _____

④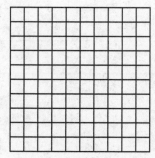

$0.74 - 0.36 =$ _____

⑤ Escoge uno de los problemas anteriores. Explica claramente cómo lo resolviste.

_____

_____

_____

_____

Cajas matemáticas

1 Marca los siguientes puntos en la cuadrícula.

a. (1, 1)   b. (2, 3)

c. (5, 3)   d. (4, 1)

e. (1, 1)

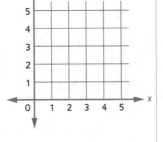

Conecta los puntos en el orden dado. ¿Qué figura dibujaste?

_____

LCE
268, 275

2 Resuelve. Puedes usar piezas de círculos de fracciones como ayuda.

a. $\frac{1}{2} + \frac{1}{4} =$ _____

b. $\frac{1}{2} + \frac{3}{4} =$ _____

c. $\frac{3}{4} + \frac{1}{8} =$ _____

d. $\frac{1}{4} + \frac{3}{8} =$ _____

LCE
166, 189

3 Haz una estimación y luego resuelve.

_____
(estimación)

$$\begin{array}{r} 1\ 9\ 4 \\ *\ 2\ 1\ 5 \\ \hline \end{array}$$

LCE
83,
100-104

4 Redondea a la décima más cercana.

a. 45.52 = _____

b. 60.18 = _____

c. 123.45 = _____

d. 38.27 = _____

e. 56.199 = _____

LCE
124-127

5 **Escritura/Razonamiento** Explica por qué es importante el orden de los números de un par ordenado.

_____

_____

_____

_____

LCE
275

Cajas matemáticas

Usar algoritmos para sumar decimales

Haz una estimación en los Problemas 1 a 6. Escribe una oración numérica para mostrar cómo estimaste. Luego, resuelve usando el método de sumas parciales, la suma en columnas o la suma usual de EE. UU. Muestra tu trabajo. Usa tus estimaciones para verificar si tus respuestas tienen sentido.

LCE 128, 130

1 $2.3 + 7.6 = ?$	**2** $6.4 + 8.7 = ?$	**3** $7.06 + 14.93 = ?$
_____ (estimación)	_____ (estimación)	_____ (estimación)
$2.3 + 7.6 =$ _____	$6.4 + 8.7 =$ _____	$7.06 + 14.93 =$ _____
4 $21.47 + 9.68 = ?$	**5** $3.514 + 5.282 = ?$	**6** $19.046 + 71.24 = ?$
_____ (estimación)	_____ (estimación)	_____ (estimación)
$21.47 + 9.68 =$ _____	$3.514 + 5.282 =$ _____	$19.046 + 71.24 =$ _____

7 Escoge un problema. Responde las siguientes preguntas.

a. ¿Cómo hiciste tu estimación?

_____

_____

b. ¿Cómo usaste tu estimación para verificar si tu respuesta tenía sentido?

_____

_____

Cajas matemáticas

Cajas matemáticas

1 Ordena los siguientes números de menor a mayor.

7.1   7.01   0.0071   0.71

_____, _____, _____, _____
   Menor   Mayor

LCE
121-123

2 Escribe en notación exponencial.

a. $30,000 =$ _____ $\times 10^{\square}$

b. $6,000,000 =$ _____ $\times 10^{\square}$

LCE
68-69

3 Evelyn salió a hacer una caminata. Caminará 4 millas en total. Hasta ahora, caminó $\frac{1}{2}$ de la distancia total. ¿Qué distancia caminó?

Respuesta: _____ millas

LCE
195

4 Escribe el decimal en palabras.

a. 31.04

_____

_____

b. 6.208

_____

_____

LCE
117

5 **Escritura/Razonamiento** Sarah dijo que 10^4 es lo mismo que 40 porque $10 * 4$ es 40. Explica el error de Sarah.

_____

_____

_____

_____

LCE
68

Usar algoritmos para restar decimales

Haz una estimación en los Problemas 1 a 6. Escribe una oración numérica para mostrar cómo estimaste. Luego, resuelve usando el método de restar cambiando primero, el método de contar hacia adelante o la resta usual de EE. UU. Muestra tu trabajo. Usa tus estimaciones para verificar si tus respuestas tienen sentido.

LCE
128,
131-132

① 4.6 − 3.2 = ?	② 13.1 − 8.7 = ?	③ 6.87 − 2.52 = ?
_____ (estimación)	_____ (estimación)	_____ (estimación)
4.6 − 3.2 = _____	13.1 − 8.7 = _____	6.87 − 2.52 = _____
④ 24.07 − 12.68 = ?	⑤ 62.432 − 19.712 = ?	⑥ 17.41 − 6.274 = ?
_____ (estimación)	_____ (estimación)	_____ (estimación)
24.07 − 12.68 = _____	62.432 − 19.712 = _____	17.41 − 6.274 = _____

⑦ Escoge un problema. Piensa en el algoritmo que usaste. Responde las siguientes preguntas.

a. ¿Cómo te ayudó el algoritmo escogido a obtener una respuesta precisa?

_____

_____

_____

b. ¿Fue el algoritmo que elegiste la opción más eficaz? ¿Por qué?

_____

_____

_____

Cajas matemáticas

1 Escribe las coordenadas de cada uno de los puntos de la gráfica.

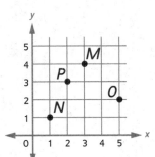

M: (_____, _____)

N: (_____, _____)

O: (_____, _____)

P: (_____, _____)

LCE
275

2 Resuelve. Puedes usar piezas de círculos de fracciones como ayuda.

a. $\frac{1}{5} + \frac{3}{10} =$ _____

b. $\frac{1}{5} + \frac{1}{10} =$ _____

c. $\frac{2}{3} + \frac{1}{6} =$ _____

LCE
166, 189

3 Escribe un problema de multiplicación para el cual tu estimación pueda ser:

$300 \times 70 = 21,000$

_____ × _____ = ?

Resuelve tu problema.

LCE
83,
100-104

4 Redondea a la centésima más cercana.

a. 67.467 = _____

b. 9.017 = _____

c. 43.284 = _____

d. 16.107 = _____

e. 5.658 = _____

LCE
124-127

5 **Escritura/Razonamiento** Explica tu estrategia para redondear un decimal a la centésima más cercana en el Problema 4.

_____

_____

_____

_____

_____

LCE
124-127

Cajas matemáticas

Hallar el área de pisos nuevos

Varios salones de la Escuela Westview tendrán nuevos pisos de baldosas el año que viene. Cada baldosa mide 1 yarda cuadrada. Halla para cada salón:

a. la cantidad de baldosas necesarias para cubrir el piso

b. el área del piso en yardas cuadradas

1 **Salón de música**

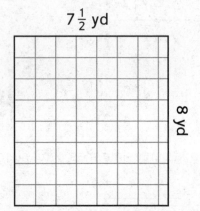

$7\frac{1}{2}$ yd

8 yd

a. Cantidad de baldosas: _____

b. Área: _____ yardas cuadradas

2 **Oficina**

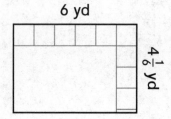

6 yd

$4\frac{1}{6}$ yd

a. Cantidad de baldosas: _____

b. Área: _____ yardas cuadradas

3 **Cafetería**

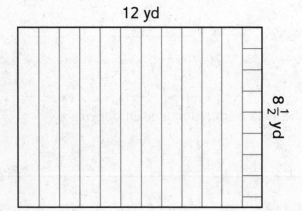

12 yd

$8\frac{1}{2}$ yd

a. Cantidad de baldosas: _____

b. Área: _____ yardas cuadradas

4 **Salón de arte**

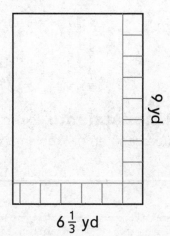

9 yd

$6\frac{1}{3}$ yd

a. Cantidad de baldosas: _____

b. Área: _____ yardas cuadradas

Cajas matemáticas

Cajas matemáticas

1 Escribe <, > o =.

a. 0.90 _____ 0.89

b. 3.52 _____ 3.8

c. 6.91 _____ 6.3

d. 4.05 _____ 4.2

e. 0.38 _____ 0.5

LCE
121-123

2 ¿Cuál de los siguientes ejemplos muestra la forma *desarrollada* con notación *exponencial* del número 315,796?

Rellena el círculo que está junto a la mejor respuesta.

(A) 300,000 + 10,000 + 5,000 + 700 + 90 + 6

(B) $3 \times 100,000 + 1 \times 10,000 + 5 \times 1,000 + 7 \times 100 + 9 \times 10 + 6 \times 1$

(C) $3 \times 10^5 + 1 \times 10^4 + 5 \times 10^3 + 7 \times 10^2 + 9 \times 10^1 + 6 \times 10^0$

LCE
68-70

3 Resuelve.

a. $\frac{1}{3}$ de 30 = _____

b. $\frac{1}{8}$ de 16 = _____

c. $\frac{1}{5}$ de 25 = _____

LCE
195

4 ¿Cómo podrías escribir 54.279 en palabras? Escoge la mejor respuesta.

◯ cincuenta y cuatro con doscientos setenta y nueve milésimas

◯ cincuenta y cuatro con doscientos setenta novenos

◯ cincuenta y cuatro con doscientos setenta y nueve centésimas

LCE
117

5 **Escritura/Razonamiento** Escribe una historia de números que pueda representar al Problema 3a.

_____

_____

_____

_____

_____

LCE
195

Cajas matemáticas:
Avance de la Unidad 5

Cajas matemáticas

1 ¿Cuántas unidades cuadradas cubren el rectángulo?

6 unidades

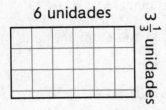

$3\frac{1}{3}$ unidades

_____ unidades cuadradas

¿Cuál es el área del rectángulo?

Área = _____

LCE
224-225

2 Escribe 4 múltiplos de 11.

_____

LCE
72

3 $\frac{3}{4} - \frac{1}{10}$ _____ $\frac{3}{8} + \frac{1}{12}$

Escoge la mejor respuesta.

⬭ >

⬭ <

⬭ =

LCE
181-182

4 Escribe todos los factores de 26.

_____

_____

LCE
73

5 Encierra en un círculo Verdadero o Falso.

a. $\frac{1}{3} = \frac{3}{12}$ Verdadero   Falso

b. $\frac{7}{7} = \frac{11}{11}$ Verdadero   Falso

c. $\frac{2}{5} = \frac{6}{15}$ Verdadero   Falso

LCE
166, 168-
170

6 Resuelve.

a. ¿Cuánto es $\frac{1}{3}$ de 12? _____

b. ¿Cuánto es $\frac{1}{5}$ de 10? _____

LCE
195

Patrones de prismas rectangulares

Patrón de Prisma rectangular A

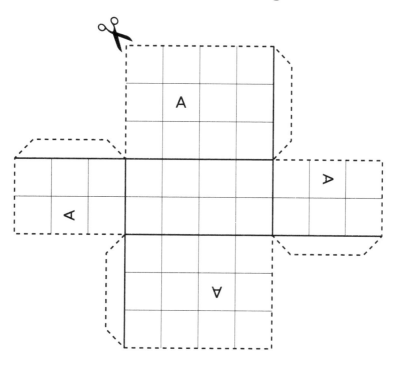

Patrón de Prisma
rectangular B

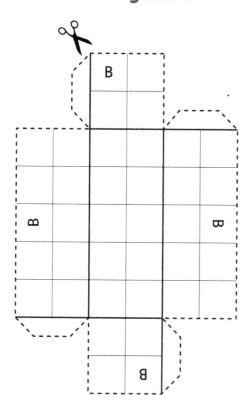

Patrón de Prisma
rectangular C

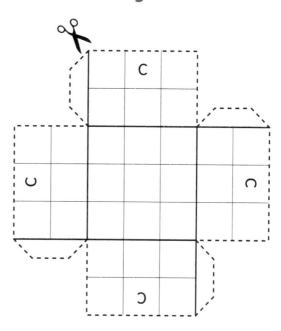

Más patrones de prismas rectangulares

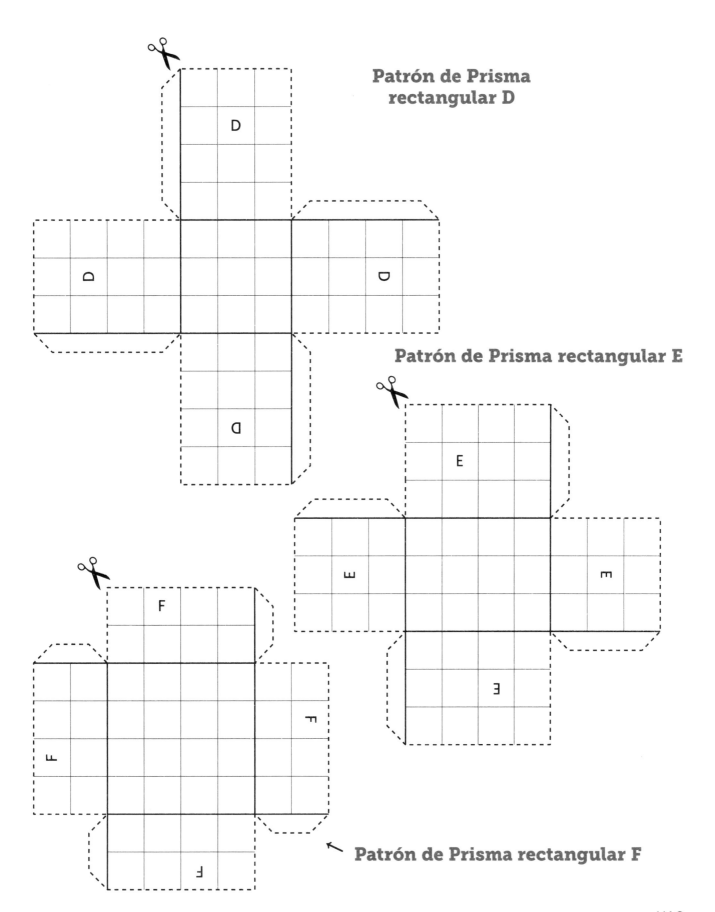

Patrón de Prisma rectangular D

Patrón de Prisma rectangular E

Patrón de Prisma rectangular F

HA2

Tarjetas de *Amontonar prismas*

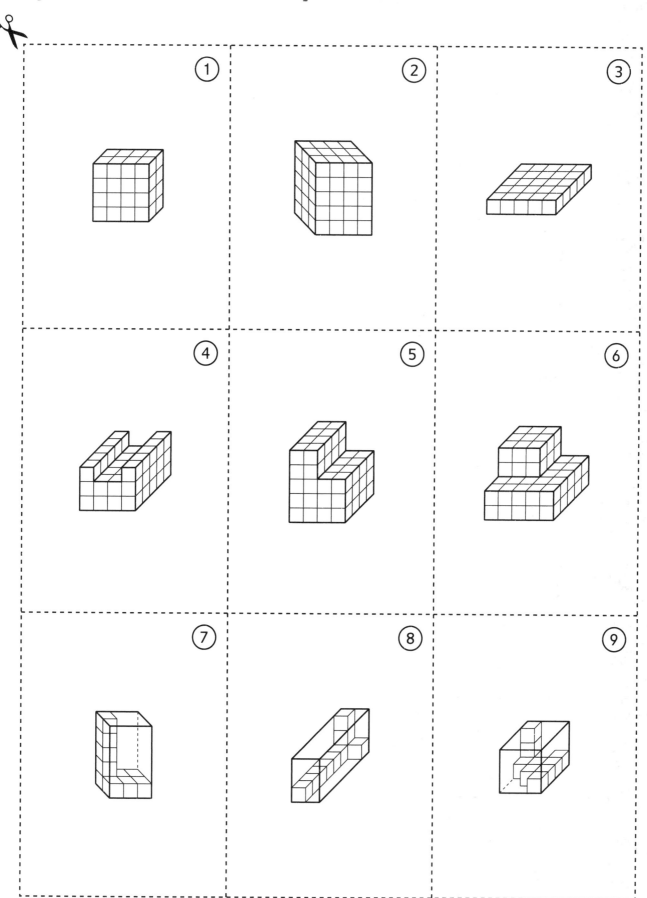

Tarjetas de *Amontonar prismas* (continuación)

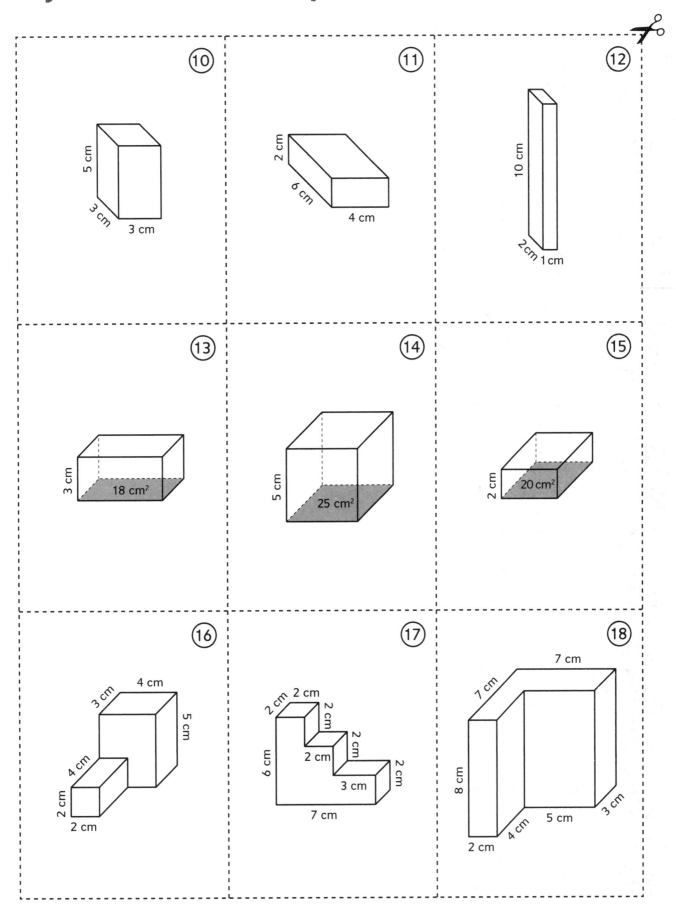

⑩
5 cm
3 cm
3 cm

⑪
2 cm
6 cm
4 cm

⑫
10 cm
2 cm 1 cm

⑬
3 cm
18 cm²

⑭
5 cm
25 cm²

⑮
2 cm
20 cm²

⑯
4 cm
3 cm
5 cm
4 cm
2 cm
2 cm

⑰
2 cm 2 cm
2 cm
2 cm
2 cm
6 cm
2 cm
3 cm
2 cm
7 cm

⑱
7 cm
7 cm
8 cm
2 cm 4 cm 5 cm 3 cm

Piezas de círculos de fracciones 1

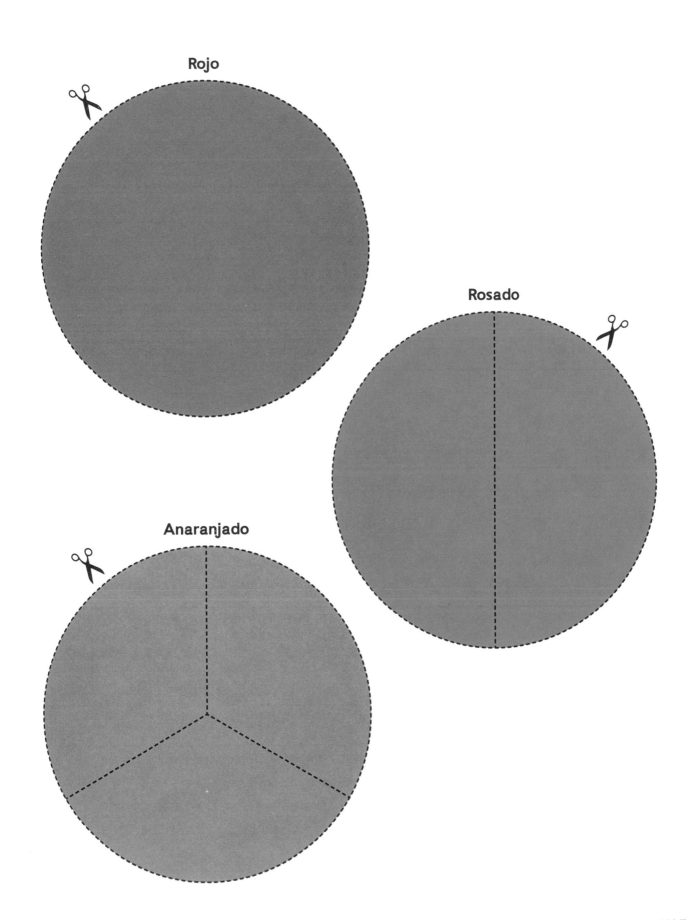

Rojo

Rosado

Anaranjado

Piezas de círculos de fracciones 2

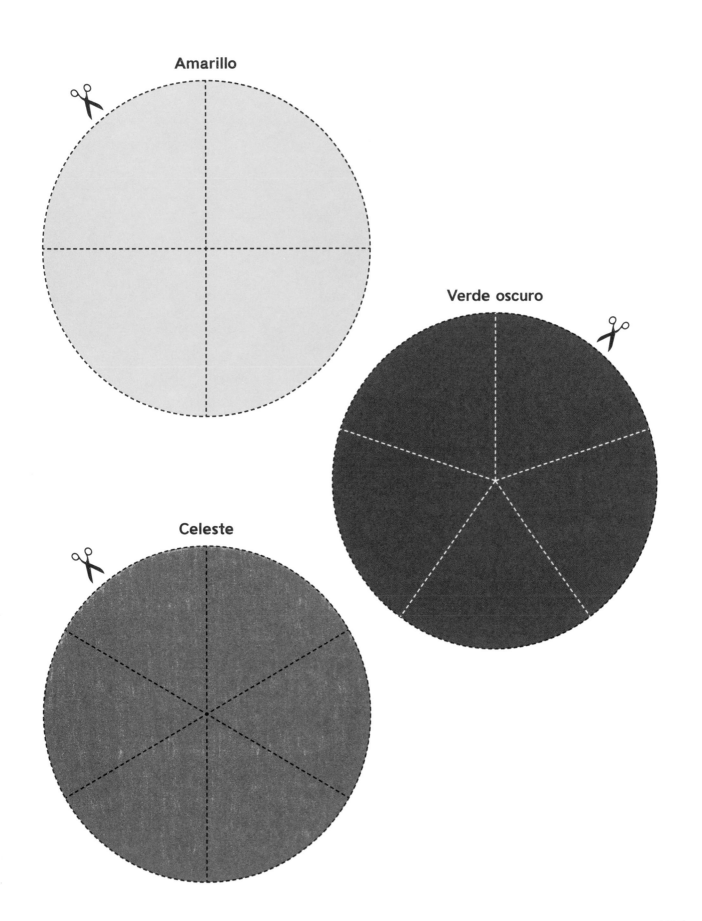

Amarillo

Verde oscuro

Celeste

Piezas de círculos de fracciones 3

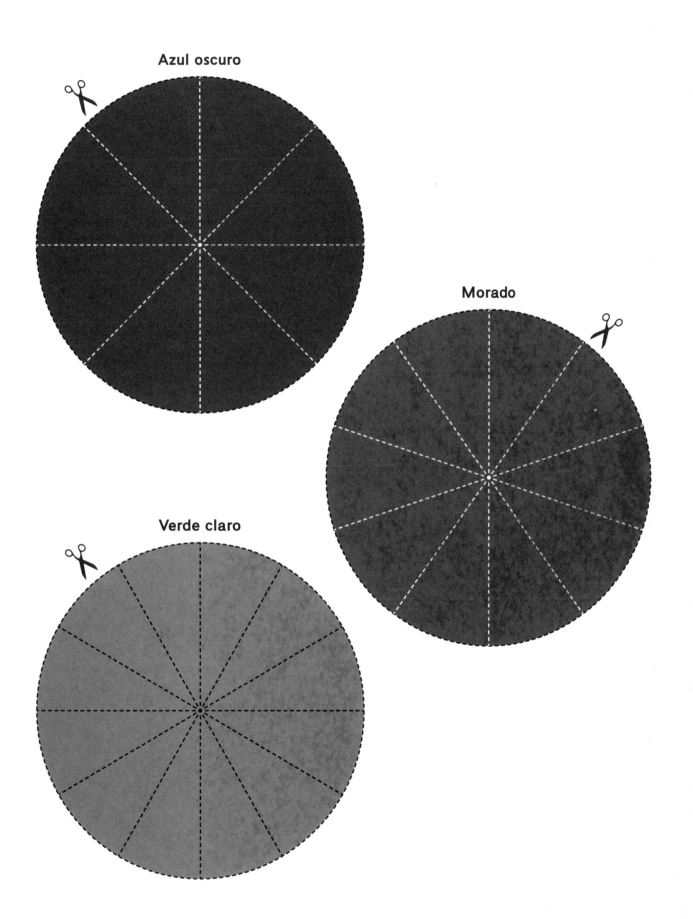

Azul oscuro

Morado

Verde claro

Tarjetas de fracciones 1

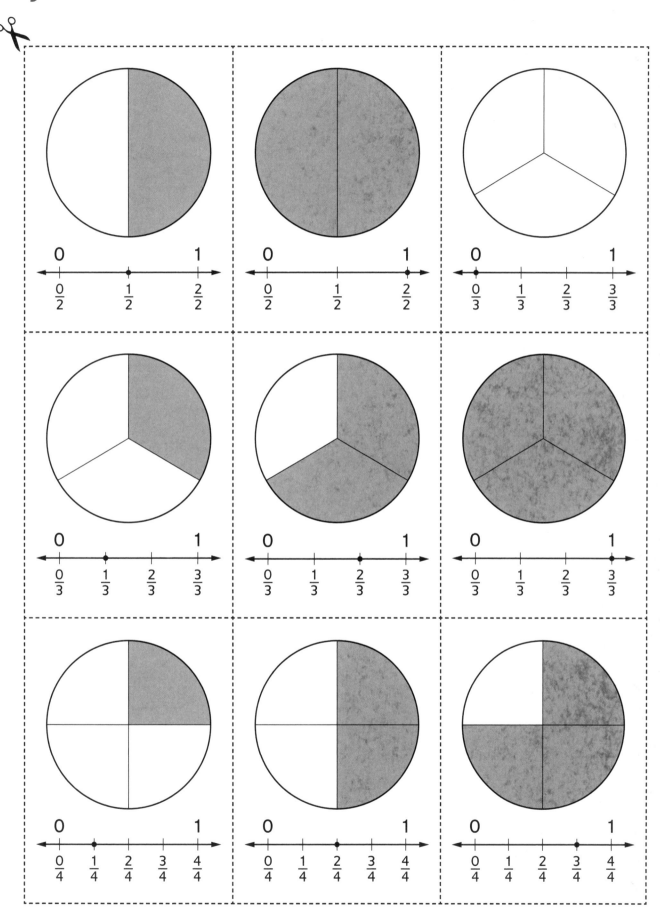

Tarjetas de fracciones 1

$$\frac{0}{3}$$

$$\frac{2}{2}$$

$$\frac{1}{2}$$

$$\frac{3}{3}$$

$$\frac{2}{3}$$

$$\frac{1}{3}$$

$$\frac{3}{4}$$

$$\frac{2}{4}$$

$$\frac{1}{4}$$

Tarjetas de fracciones 2

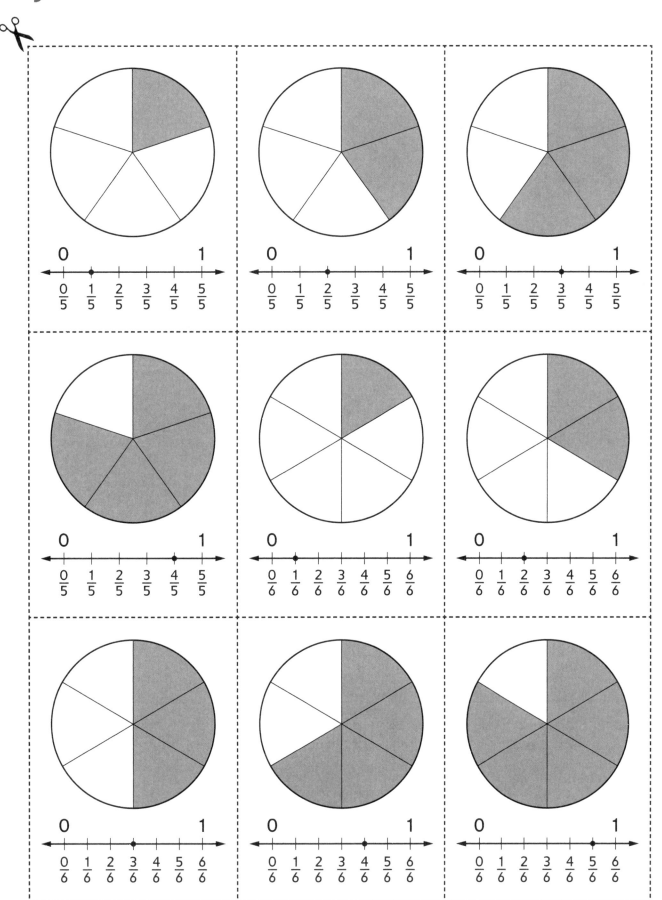

Tarjetas de fracciones 2

$$\frac{3}{5}$$ $$\frac{2}{5}$$ $$\frac{1}{5}$$

$$\frac{2}{6}$$ $$\frac{1}{6}$$ $$\frac{4}{5}$$

$$\frac{5}{6}$$ $$\frac{4}{6}$$ $$\frac{3}{6}$$

Tarjetas de fracciones 3

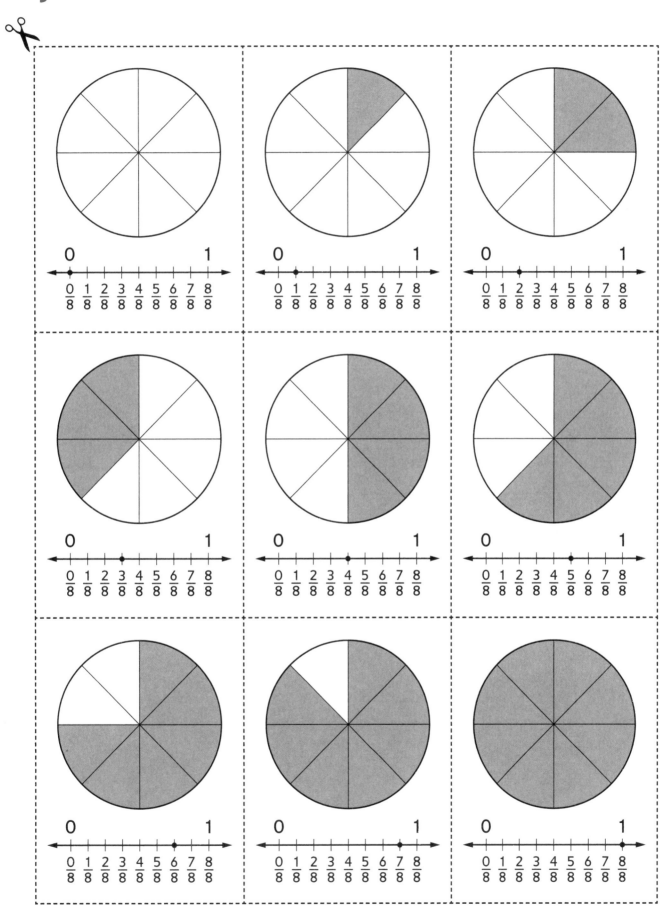

Tarjetas de fracciones 3

$$\frac{2}{8}$$

$$\frac{1}{8}$$

$$\frac{0}{8}$$

$$\frac{5}{8}$$

$$\frac{4}{8}$$

$$\frac{3}{8}$$

$$\frac{8}{8}$$

$$\frac{7}{8}$$

$$\frac{6}{8}$$

Tarjetas de fracciones 4

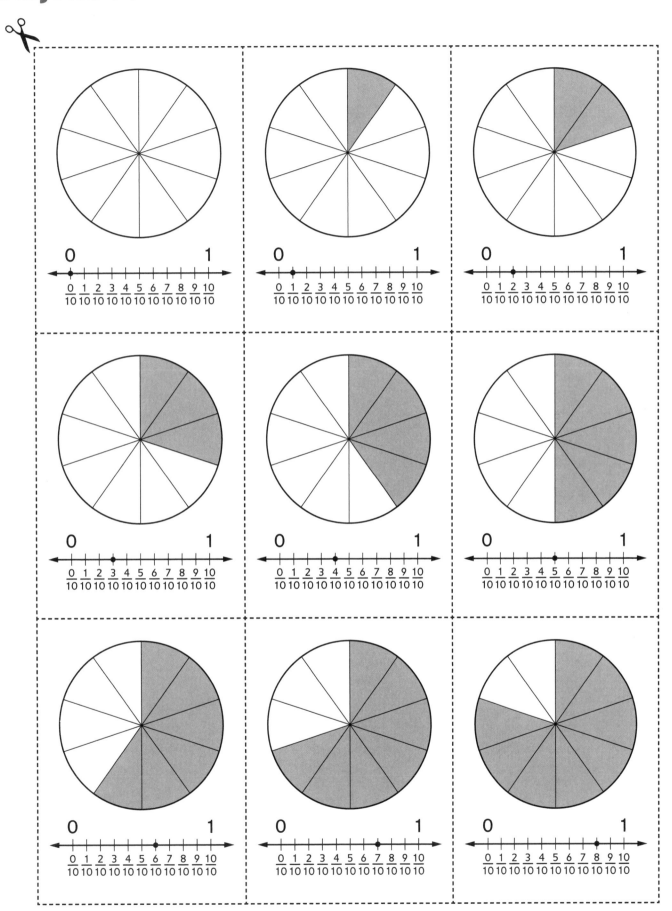

$$\frac{2}{10} \qquad \frac{1}{10} \qquad \frac{0}{10}$$

$$\frac{5}{10} \qquad \frac{4}{10} \qquad \frac{3}{10}$$

$$\frac{8}{10} \qquad \frac{7}{10} \qquad \frac{6}{10}$$

Tarjetas de fracciones 5

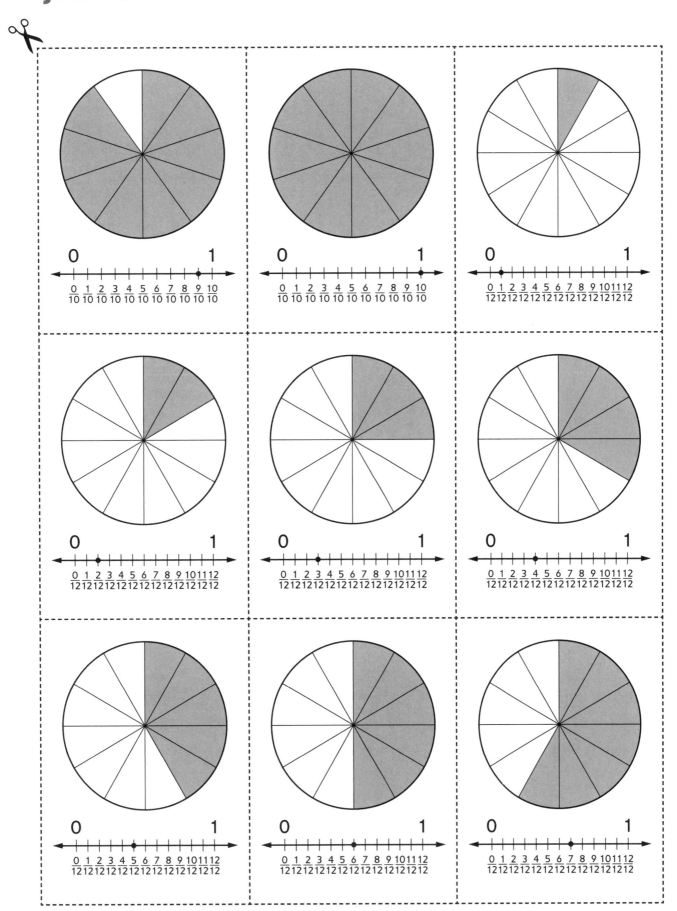

Tarjetas de fracciones 5

$$\frac{1}{12}$$ $$\frac{10}{10}$$ $$\frac{9}{10}$$

$$\frac{4}{12}$$ $$\frac{3}{12}$$ $$\frac{2}{12}$$

$$\frac{7}{12}$$ $$\frac{6}{12}$$ $$\frac{5}{12}$$

Tarjetas de fracciones 6

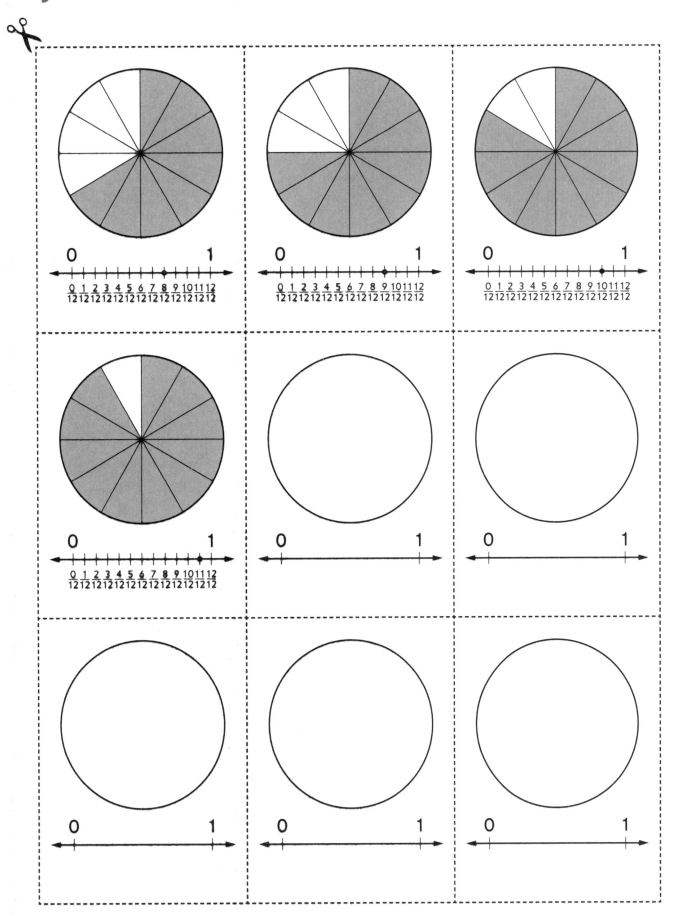

Tarjetas de fracciones 6

$$\frac{10}{12}$$

$$\frac{9}{12}$$

$$\frac{8}{12}$$

$$\frac{}{}$$

$$\frac{}{}$$

$$\frac{11}{12}$$

$$\underline{}$$

$$\underline{}$$

$$\underline{}$$

Tarjetas de fracciones de *Fracción de* (Conjunto 1)

$\frac{1}{2}$	$\frac{1}{2}$	$\frac{1}{2}$	$\frac{1}{3}$
$\frac{1}{3}$	$\frac{1}{3}$	$\frac{1}{4}$	$\frac{1}{4}$
$\frac{1}{4}$	$\frac{1}{5}$	$\frac{1}{5}$	$\frac{1}{5}$
$\frac{1}{5}$	$\frac{1}{10}$	$\frac{1}{10}$	$\frac{1}{10}$

Tarjetas de fracciones de *Fracción de*

3 20 15	4 21 30	5 12 20	6 28 40
8 27 20	10 32 24	12 30 25	15 36 20
18 36 10	20 4 3	21 30 24	25 6 40
28 35 30	30 32 15	36 20 24	40 18 25

Tarjetas en blanco